CLIMATE CHANGE SIMPLE GERMAN

Learn German the Fun Way With
Topics That Matter

For Low- to High-Intermediate Learners (CEFR B1-B2)

by Olly Richards

Edited by Eleonora Calviello
Dr. Gianluca Trifirò, Academic Editor

Copyright © 2022 Olly Richards Publishing Ltd.

All rights reserved. No part of this publication may be reproduced, distributed, or transmitted in any form or by any means, including photocopying, recording, or other electronic or mechanical methods, without the prior written permission of the publisher, except in the case of brief quotations embodied in critical reviews and certain other non-commercial uses permitted by copyright law. For permission requests, write to the publisher:

>Olly Richards Publishing Ltd.

>olly@storylearning.com

Trademarked names appear throughout this book. Rather than use a trademark symbol with every occurrence of a trademarked name, names are used in an editorial fashion, with no intention of infringement of the respective owner's trademark.

The information in this book is distributed on an "as is" basis, without warranty. Although every precaution has been taken in the preparation of this work, neither the author nor the publisher shall have any liability to any person or entity with respect to any loss or damage caused or alleged to be caused directly or indirectly by the information contained in this book.

Climate Change in Simple German: Learn German the Fun Way With Topics that Matter

FREE STORYLEARNING® KIT

Discover how to learn foreign languages faster & more effectively through the power of story.

Your free video masterclasses, action guides, & handy printouts include:

- A simple six-step process to maximise learning from reading in a foreign language

- How to double your memory for new vocabulary from stories

- Planning worksheet (printable) to learn faster by reading more consistently

- Listening skills masterclass: "How to effortlessly understand audio from stories"

- How to find willing native speakers to practise your language with

To claim your FREE StoryLearning® Kit, visit:

www.storylearning.com/kit

WE DESIGN OUR BOOKS TO BE INSTAGRAMMABLE!

Post a photo of your new book to Instagram using #storylearning and you'll get an entry into our monthly book giveaways!

Tag us **@storylearningpress** to make sure we see you!

BOOKS BY OLLY RICHARDS

Olly Richards writes books to help you learn languages through the power of story. Here is a list of all currently available titles:

Short Stories in Danish For Beginners
Short Stories in Dutch For Beginners
Short Stories in English For Beginners
Short Stories in French For Beginners
Short Stories in German For Beginners
Short Stories in Icelandic For Beginners
Short Stories in Italian For Beginners
Short Stories in Norwegian For Beginners
Short Stories in Brazilian Portuguese For Beginners
Short Stories in Russian For Beginners
Short Stories in Spanish For Beginners
Short Stories in Swedish For Beginners
Short Stories in Turkish For Beginners

Short Stories in Arabic for Intermediate Learners
Short Stories in English for Intermediate Learners
Short Stories in Italian for Intermediate Learners
Short Stories in Korean for Intermediate Learners
Short Stories in Spanish for Intermediate Learners

101 Conversations in Simple English
101 Conversations in Simple French
101 Conversations in Simple German
101 Conversations in Simple Italian
101 Conversations in Simple Spanish
101 Conversations in Simple Russian

101 Conversations in Intermediate English
101 Conversations in Intermediate French
101 Conversations in Intermediate German
101 Conversations in Intermediate Italian
101 Conversations in Intermediate Spanish

101 Conversations in Mexican Spanish
101 Conversations in Social Media Spanish

Climate Change in Simple Spanish
Climate Change in Simple French
Climate Change in Simple German
World War II in Simple Spanish

All titles are also available as audiobooks. Just search your favourite store!

For more information visit Olly's author page at
www.storylearning.com/books

ABOUT THE AUTHOR

Olly Richards is a foreign language expert and teacher. He speaks eight languages and has authored over 30 books. He has appeared in international press, from the BBC and the Independent to El País and Gulf News. He has featured in language documentaries and authored language courses for the Open University.

Olly started learning his first foreign language at the age of 19, when he bought a one-way ticket to Paris. With no exposure to languages growing up, and no natural talent for languages, Olly had to figure out how to learn French from scratch. Twenty years later, Olly has studied languages from around the world and is considered an expert in the field.

Through his books and website, StoryLearning.com, Olly is known for teaching languages through the power of story – including the book you are holding in your hands right now!

You can find out more about Olly, including a library of free training, at his website:

www.storylearning.com

CONTENTS

Introduction xv
How to Use this Book xvii
The Six-Step Reading Process xxiii
A Note From the Editor xxv
Lerne mehr über den Klimawandel auf Deutsch! 1
Introduction to the Story 3
Character Profiles 5

Teil eins: Die grundlagen des klimawandels 7
Kapitel 1: Was ist der klimawandel? 8
Kapitel 2: Woher wissen wir, dass sich das klima verändert? 14
Kapitel 3: Wann begann sich unser klima so schnell zu verändern? 20
Kapitel 4: Wo können wir gute informationen über
 den klimawandel finden? 26

Teil zwei: Elemente des klimas 31
Kapitel 5: Klimatypen 32
Kapitel 6: Wie funktioniert die temperatur? 38
Kapitel 7: Was ist noch heisser als heisse luft? Feuchte luft! 42
Kapitel 8: Regen, regen, geh nicht weg: Regen, wind und wolken 46

Teil drei: Das tierreich und der klimawandel 51
Kapitel 9: Wie wirkt sich der klimawandel auf tiere aus? 52
Kapitel 10: Im dschungel, im mächtigen dschungel: Die regenwälder 56
Kapitel 11: Trocken wie eine wüste 62
Kapitel 12: Grosse fische, kleine fische: Klimawandel und
 unsere ozeane 66
Kapitel 13: Wir sind alle miteinander verbunden: Die nahrungskette 70
Kapitel 14: Was können wir tun, um zu helfen? 74

Teil vier: Essen 79
Kapitel 15: Wir sind, was wir essen 80
Kapitel 16: Was können wir noch essen, wenn wir kein fleisch essen? 84
Kapitel 17: Vegetarier, veganer und flexitarier: eine ernährung
 für jeden geschmack! 90

Kapitel 18: Einen garten anlegen 94
Kapitel 19: Tierfarmen: wo du gesundes, grünes fleisch findest 98
Kapitel 20: Konventionelle landwirtschaft 102

Teil fünf: Energie 107
Kapitel 21: Lass die sonne rein! 108
Kapitel 22: Im winde verwehen 114
Kapitel 23: Die atomkraft 120
Kapitel 24: So viele arten von energie! 126

Teil sechs: Abfall 131
Kapitel 25: Was wir zu hause wegwerfen 132
Kapitel 26: Das besondere problem des kunststoffs 136
Kapitel 27: Wasservergeudung 140
Kapitel 28: Lebensmittelverschwendung 144

Teil sieben: Ein nachhaltiges leben führen 151
Kapitel 29: Wie können wir etwas bewirken? 152
Kapitel 30: Weniger sachen haben 158
Kapitel 31: Transport und der co2-fussabdruck 164
Kapitel 32: Mach das licht aus! Spare energie 170
Kapitel 33: Klimawandel-technologie für die zukunft 176
Kapitel 34: Ja, wir können etwas bewirken! 182

INTRODUCTION

I have a golden rule when it comes to improving your level and becoming fluent in a foreign language: Read around your interests. When you spend your time reading foreign language content on a topic you're interested in, a number of magical things happen. Firstly, you learn vocabulary that is relevant to your interests, so you can talk about topics that you find meaningful. Secondly, you find learning more enjoyable, which motivates you to keep learning and studying. Thirdly, you develop the habit of spending time in the target language, which is the ultimate secret to success with a language. Do all of this, and do it regularly, and you are on a sure path to fluency.

But there is a problem. Finding learner-friendly resources on interesting topics can be hard. In fact, as soon as you depart from your textbooks, the only way to find material that you find interesting is to make the leap to native-level material. Needless to say, native-level material, such as books and podcasts, is usually far too hard to understand or learn from. This can actually work against you, leaving you frustrated and demotivated at not being able to understand the material.

In my work as a language educator, I have run up against this obstacle for years. I invoke my golden rule: "Spend more time immersed in your target language!", but when students ask me where to find interesting material at a suitable level, I have no answer. That is why I write my books, and why I created this series on non-fiction. By creating learner-friendly material on interesting and important topics, I hope to make it possible to learn your target language faster, more effectively, and more enjoyably, while learning about things that matter to you. Finally, my golden rule has become possible to follow!

Climate Change

If there is one issue that has come to define our times, it is climate change. From classrooms to building sites, office buildings to car showrooms, climate change has become an issue that millions of people around the world are taking more seriously than ever. More and more, people are choosing to educate themselves on what they see as the most important issue of their lives. So, what better way to improve your German than to learn about climate change… *in German?*

Climate Change in Simple German is the ideal companion for climate-conscious learners to improve their German.

Not only will you learn the vocabulary you need to talk about climate change in German, but you will also deepen your knowledge about climate change itself. Written in a fun conversational format that makes the science easier to understand, you'll follow discussions between three main characters over 34 chapters as they discuss the main issues of climate change. Fun, comprehensive, apolitical, and reviewed at PhD level for scientific accuracy, this book is the perfect way to improve your German while learning about the most important issue facing our planet today.

HOW TO USE THIS BOOK

There are many possible ways to use a resource such as this, which is written entirely in German. In this section, I would like to offer my suggestions for using this book effectively, based on my experience with thousands of students and their struggles.

There are two main ways to work with content in a foreign language:

1. Intensively
2. Extensively

Intensive learning is when you examine the material in great detail, seeking to understand all the content – the meaning of vocabulary, the use of grammar, the pronunciation of difficult words, etc. You will typically spend much longer with each section and, therefore, cover less material overall. Traditional classroom learning generally involves intensive learning.

Extensive learning is the opposite of intensive. To learn extensively is to treat the material for what it is – not as the object of language study, but rather as content to be enjoyed and appreciated. To read a book for pleasure is an example of extensive reading. As such, the aim is not to stop and study the language that you find, but rather to read (and complete) the book.

There are pros and cons to both modes of study and, indeed, you may use a combination of both in your approach. However, the "default mode" for most people is to study *intensively*. This is because there is the inevitable temptation to investigate anything you do not understand in the pursuit of progress and hope to eliminate all mistakes. Traditional language education trains us to do this. Similarly, it is not obvious to many readers how extensive study can be effective. The uncertainty and ambiguity can be uncomfortable: "There's so much I don't understand!"

In my experience, people have a tendency to drastically overestimate what they can learn from intensive study and drastically underestimate what they can gain from extensive study. My observations are as follows:

- **Intensive learning**: Although it is intuitive to try to "learn" something you don't understand, such as a new word, there is no guarantee you will actually manage to "learn" it! Indeed, you will be familiar with the feeling of trying to learn a new word, only to forget it shortly afterwards! Studying intensively is also time-consuming, meaning you can't cover as much material.

- **Extensive learning**: By contrast, when you study extensively, you cover huge amounts of material and give yourself exposure to much more content in the language than you otherwise would. In my view, this is the primary benefit of extensive learning. Given the immense size of the task of learning a foreign language, extensive learning is the only way to give yourself the exposure to the language that you need in order to stand a chance of acquiring it. You simply can't learn everything you need in the classroom!

When put like this, extensive learning may sound quite compelling! However, there is an obvious objection: "But how do I *learn* when I'm not looking up or memorising things?" This is an understandable doubt if you are used to a traditional approach to language study. However, the truth is that you can learn an extraordinary amount *passively* as you read and listen to the language, but only if you give yourself the opportunity to do so! Remember, you learned your mother tongue passively. There is no reason you shouldn't do the same with a second language!

Here are some of the characteristics of studying languages extensively:

Aim for completion: When you read material in a foreign language, your first job is to make your way through from beginning to end. Read to the end of the chapter or listen to the entire audio without worrying about things you don't understand. Set your sights on the finish line and don't get distracted. This is a vital behaviour to foster because it trains you to enjoy the material before you start to get lost in the details. This is how you read or listen to things in your native language, so it's the perfect thing to aim for!

Read for gist: The most effective way to make headway through a piece of content in another language is to ask yourself: "Can I follow the gist of what's going on?" You don't need to understand every word, just the main ideas. If you can, that's enough! You're set! You can understand and enjoy a great amount with gist alone, so carry on through the material and enjoy the feeling of making progress! If the material is so hard that you struggle to understand even the gist, then my advice for you would be to consider easier material.

Don't look up words: As tempting as it is to look up new words, doing so robs you of time that you could spend reading the material. In the extreme, you can spend so long looking up words that you never finish what you're reading. If you come across a word you don't understand… Don't worry! Keep calm and carry on. Focus on the goal of reaching the end of the chapter. You'll probably see that difficult word again soon, and you might guess the meaning in the meantime!

Don't analyse grammar: Similarly to new words, if you stop to study verb tenses or verb conjugations as you go, you'll never make any headway with the material. Try to *notice* the grammar that's being used (make a mental note) and carry on. Have you spotted some unfamiliar grammar? No problem. It can wait. Unfamiliar grammar rarely prevents you from understanding the gist of a passage, but can completely derail your reading if you insist on looking up and studying every grammar point you encounter. After a while, you'll be surprised by how this "difficult" grammar starts to become "normal"!

You don't understand? Don't worry! The feeling you often have when you are engaged in extensive learning is: "I don't understand". You may find an entire paragraph that you don't understand or that you find confusing. So, what's the best response? Spend the next hour trying to decode that difficult paragraph? Or continue reading regardless? (Hint: It's the latter!) When you read in your mother tongue, you will often skip entire paragraphs you find boring, so there's no need to feel guilty about doing the same when reading German. Skipping difficult passages of text may feel like cheating, but it can, in fact, be a mature approach to reading that allows you to make progress through the material and, ultimately, learn more.

If you follow this mindset when you read German, you will be training yourself to be a strong, independent German learner who doesn't have to rely on a teacher or rule book to make progress and enjoy learning. As you will have noticed, this approach draws on the fact that your brain can learn many things naturally, without conscious study. This is something that we appear to have forgotten with the formalisation of the education system. But, speak to any accomplished language learner and they will confirm that their proficiency in languages comes not from their ability to memorise grammar rules, but from the time they spend reading, listening to, and speaking the language, enjoying the process, and integrating it into their lives.

So, I encourage you to embrace extensive learning, and trust in your natural abilities to learn languages, starting with… The contents of this book!

THE SIX-STEP READING PROCESS

Here is my suggested six-step process for making the most of each conversation in this book:

1. **Read the short introduction to the conversation.** This is important, as it sets the context for the conversation, helping you understand what you are about to read. Take note of the characters who are speaking and the situation they are in. If you need to refresh your memory of the characters, refer to the character introductions at the front of the book.

2. **Read the conversation all the way through without stopping.** Your aim is simply to reach the end of the conversation, so do not stop to look up words and do not worry if there are things you do not understand. Simply try to follow the gist of the conversation.

3. **Read the "key facts" at the end of the chapter.** This is a short summary of the conversation that will help you understand the topic.

4. **Go back and read the same conversation a second time.** If you like, you can read in more detail than before, but otherwise simply read it through one more time, using the vocabulary list to check unknown words and phrases where necessary.

5. By this point, you should be able to follow the gist of the conversation. **You might like to continue to read the same conversation a few more times until you feel**

confident. Ask yourself: "Did I learn anything new about climate change? Were any facts surprising?"

6. **Move on!** There is no need to understand every word in the conversation, and the greatest value from the book comes from reading it through to completion! Move on to the next conversation and do your best to enjoy the content at your own pace.

At every stage of the process, there will inevitably be parts you find difficult. Instead of worrying about the things you *don't* understand, try to focus instead on everything that you *do* understand, and congratulate yourself for the hard work you are putting into improving your German.

A NOTE FROM THE EDITOR

Climate change is one of the most talked-about topics of our time. Everyone – from your teacher to politicians on TV – is talking about environment-friendly alternatives to today's household items. In addition, scientists around the world are conducting exciting research to resolve what has become a climate crisis.

However, what do we really mean when we speak of "climate change"?

Different news sources and reports can leave us feeling confused, and the answers seem to be more complex than they should be.

First, let's take a look at some definitions:

Climate change is defined as a change in global or regional climate patterns. The term has become popular when referring to changes from the late-20th century onwards. Many of these changes are because of increased levels of atmospheric greenhouse gas (GHG) emissions produced by the use of fossil fuels. GHG emissions in the atmosphere such as carbon dioxide (CO_2), water vapor (H_2O), nitrous oxide (N_2O), methane (CH_4) and sulphur hexafluoride (SF_6) are produced by both natural and human activities. In addition to these, chlorofluorocarbons (CFCs) can increase the concentration of GHG emissions and so, make a serious contribution to climate change. CFCs are used as refrigerants, sprays, and solvents, and they are exclusively produced by humans.

Since industrialisation, most companies have been using non-sustainable resources, which means that everyone produces harmful emissions. As a result, we are likely to witness more and more natural disasters in the future (such as the Australian wildfires, East Africa drought, and South Asia floods, to mention just a few). Sadly, these emissions are not ordinary or limited to a single area, and the global risk is great. This is an issue that affects all living creatures and (you may have heard this expression) there is no planet B!

An Intergovernmental Panel on Climate Change (IPCC) special report (2018) claimed that global temperatures are now 1.5 °C above pre-industrial levels due to the increase in GHG emissions. The report also stressed the importance of a global response to the threat of climate change and sustainable development (Special Report on Global Warming of 1.5 °C, IPCC). Further studies show that global temperatures may rise dramatically (3-4 °C) by 2100 due to increased levels of man-made GHG emissions (AR5: Synthesis Report: Climate Change 2014, IPCC). As a consequence, and as you'll soon discover in this book, climate change can increase the frequency of heatwaves, floods, and droughts around the world, affecting natural habitats, water, and food availability. It may also have a huge impact on human health.

Undoubtedly, the impact of climate change represents a real threat to the prospects of sustainable development. GHG emissions are deeply linked to population, economic growth, land use, and choice of technology. It has been shown that the development patterns of industrialised countries caused most of the current change in the climate. Therefore, future change will largely be determined by the development patterns of the less industrialised countries, which need to show a more sensitive approach during their economic development by using more environmentally sustainable resources.

These basic features of the problem must shape both the economic and environmental conditions we would like to improve. There are several ways to reduce GHG emissions, for instance by controlling energy efficiency in industries, switching fuels, using renewable energy, and more sustainable recycling. However, positive changes can be carried out, albeit on a smaller scale, by individuals taking ownership and responsibility for their own choices and habits in their daily life. This could include recycling, less frequent car travel, and even our own eating habits!

Gianluca Trifirò, PhD

LERNE MEHR ÜBER DEN KLIMAWANDEL AUF DEUTSCH!

translated by Denise Uebersax

INTRODUCTION TO THE STORY

This book tells the story of three friends: Heidi, Daniel and Maria. Heidi is a writer for a newspaper. She is writing articles on climate change for her work. She lives in Berlin. Daniel and Maria are partners. Daniel is a doctor, and Maria is a primary school teacher. They live together in Potsdam.

The story is told through conversation in seven parts, over one month in autumn. Each part is on a subject related to climate change. Heidi, Daniel and Maria talk about climate change with their friends, colleagues and even strangers. They talk about the weather in different areas of the world. They talk about how animals, people and plants are hurt by climate change. Diet and energy are also subjects in their conversations.

Climate change can be a controversial topic. In this book, we do not take sides, promote agendas, or try to scare you into action! We want you to be informed. As such, we seek to present the most up-to-date and accurate information available from scientists. You will find a list of research studies and articles at the end of every chapter.

Heidi, Daniel and Maria are people just like you. They want to live a good life. They also want to help the planet. In this book, they learn how to do both. And so will you!

CHARACTER PROFILES

AT THE CAFÉ IN BERLIN

Heidi: a 27 year-old journalist at a newspaper who lives and works in central Berlin; she is writing articles about climate change

Daniel: a 28 year-old GP; his partner is Maria, and they live in Potsdam; he met both Heidi and Maria at university

Maria: a 27 year-old primary school teacher; her partner is Daniel

AT HEIDI'S NEWSPAPER OFFICE IN BERLIN

Mark: a 55 year-old editor at Heidi's newspaper; he grew up in Deutschland

Patrick: a 30 year-old newspaper writer from Rügen, Heidi's co-worker

AT MARIA'S PRIMARY SCHOOL IN POTSDAM

Abdul: an 8 year-old Year 3 student; his family came to Deutschland from North Africa

Emma: a 7 year-old Year 3 student; her father is a fisherman

AT DANIEL'S GP PRACTICE IN POTSDAM

Jane: a 66 year-old retiree who is part of a local environmental group; Daniel's patient and Yoko's partner

Yoko: a 68 year-old retiree; Daniel's patient and Jane's partner; she is Japanese

Jim: a 45 year-old butcher; he owns the local shop Spitzenfleisch; Jane and Yoko are his customers

ON A COASTAL PATH IN FRIESLAND

David: a 15 year-old student who lives nearby and is studying climate change in secondary school

Tom: his 80 year-old grandfather who also lives nearby; he is curious about climate change

AT DANIEL AND MARIA'S HOME IN POTSDAM

Tim: a 28 year-old banker who lives in Hamburg; his is Daniel's best friend from secondary school and visits Daniel and Maria for a dinner party

TEIL EINS:
DIE GRUNDLAGEN
DES KLIMAWANDELS

Heidi, eine Journalistin, trifft ihre beiden besten Freunde von der Uni, Daniel und Maria, einmal im Monat in einem Café in Berlin. Sie ist Journalistin bei einer Zeitung und lebt und arbeitet in Berlin-Mitte. Daniel und Maria sind Partner und leben in Potsdam. Er ist Hausarzt und sie ist Grundschullehrerin. Sie haben beide die Universität vor drei Jahren verlassen.

KAPITEL 1: WAS IST DER KLIMAWANDEL?

Heidi ruft Ende September ihre Freunde Daniel und Maria an, um ihr monatliches Treffen zu vereinbaren. Als Daniel Heidis Anruf sieht, stellt er ihn auf Freisprechen, damit alle drei Freunde einander hören und miteinander sprechen können.

Daniel: Hallo, Heidi! Wie geht es dir?

Heidi: Mir geht's gut, Daniel, danke! Wie geht es dir?

Daniel: Mir geht es gut! Maria auch. Maria, sag hallo!

Maria: Hallo, Heidi!

Heidi: Ich rufe an, weil ich gerade tolle Neuigkeiten erfahren habe und das mit meinen zwei besten Freunden mit einem Kaffee feiern möchte. Hast du nächsten Samstag Zeit?

Daniel: Wunderbar! Maria, haben wir nächsten Samstag Zeit?

Maria: Ja, haben wir! Was für Neuigkeiten gibt es, Heidi?

Heidi: Die Zeitung, für die ich arbeite, hat mich gebeten, eine Reihe von Artikeln über den Klimawandel zu schreiben! Es ist mein erster großer Auftrag für sie.

Daniel und Maria: Das ist wunderbar! Herzlichen Glückwunsch!

Maria: Im letzten Jahr habe ich in den Zeitungen viel mehr Geschichten über den Klimawandel gelesen. Zuerst waren da all die Geschichten über die Waldbrände in Australien. Ich habe auch einige Bilder gesehen, die zeigen, wie die Luftverschmutzung in China und Italien gesunken ist, als alle wegen des Coronavirus im Winter und Frühjahr 2020 in ihren Häusern bleiben mussten.

Heidi: Ja, ich erinnere mich an die Bilder von Chinas Luftqualität vor und nach dem Ausbruch in Wuhan. Sie sah so anders aus!

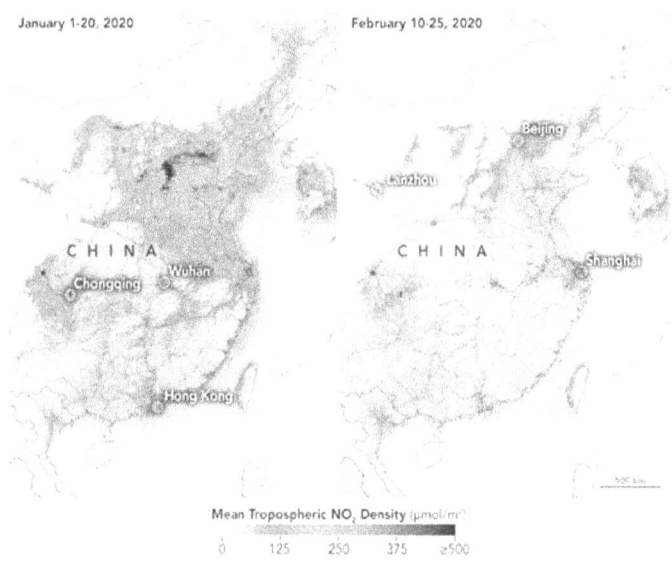

Stickstoffdioxid in der Luft sinkt über China, Bild der NASA

Daniel: Okay, ich habe eine dumme Frage für dich Was genau *ist* der Klimawandel? Ich weiß, dass es auf der Erde wärmer wird und dass es viele seltsame Wettererscheinungen gibt, wie zum Beispiel schlimme

Stürme und Dürren. Aber ich bin mir nicht sicher, ob ich wirklich weiß, was der Begriff „Klimawandel" bedeutet.

Heidi: Das ist gar keine dumme Frage, Daniel! Wir sagen oft „Klimawandel", wenn wir „globale Erwärmung" meinen, aber das ist nicht dasselbe.

Beginnen wir mit dem Klima. Das Klima ist die Art des Wetters, die du über einen langen Zeitraum hinweg beobachten kannst. Klimawandel ist etwas anderes. Ein Klimawandel findet statt, wenn sich das Wetter in einer Region oder auf der ganzen Welt dauerhaft ändert. Zum Beispiel kann das Klima trockener, feuchter, heißer, kälter, windiger oder bewölkter werden.

Maria: Deutschland hat also im Moment ein regnerisches Klima. Aber wenn es über viele Jahre hinweg nicht mehr so viel regnet, dann könnte man sagen, dass es einen Klimawandel gegeben hat.

Heidi: Ganz genau!

Maria: Du hast auch die globale Erwärmung erwähnt. Globale Erwärmung ist der Begriff für die jüngste Erwärmung der Erde, richtig?

Heidi: Fast—die globale Erwärmung bezieht sich speziell darauf, wie Technologie wie Autos und Kraftwerke die Erde heißer gemacht haben.

Daniel: Ah, okay. Ich glaube, ich verstehe den Unterschied! Der Klimawandel ist die tatsächliche Veränderung des Wetters an einem Ort und die globale Erwärmung ist die Erwärmung der gesamten Erde.

Heidi: Ich erzähle dir mehr, wenn ich euch am Samstag

sehe! Sollen wir wie immer in das Café am Alexanderplatz gehen? Sagen wir, um 14 Uhr?

Daniel: Perfekt! Wir können es kaum erwarten, dich zu sehen, Heidi, und mehr über den Klimawandel zu erfahren!

Wichtige Fakten:

- *Das Klima ist das durchschnittliche Wetter, das du über einen langen Zeitraum erlebst: die Temperatur, die Windgeschwindigkeit, die Menge an Regen/Schnee und Wolken und andere Faktoren.*
- *Von Klimawandel spricht man, wenn sich das Wetter auf der Erde so stark verändert, dass eine neue Art von Klima entsteht. Das Klima in einem Gebiet kann heißer, kälter, feuchter, trockener, windiger oder bewölkter werden.*
- *Die globale Erwärmung ist der jüngste Anstieg der Erdtemperatur aufgrund von menschengemachten Aktivitäten wie Autofahren und Kohleverbrennung zur Stromerzeugung.*

Vokabular

(der) Klimawandel climate change
(der) Auftrag the order
(die) Waldbrände (der Waldbrand) forest fires
(die) Luftverschmutzung air pollution
(die) Dürren (die Dürre) droughts
bewölkter (bewölkt) cloudy
(die) globale Erwärmung global warming
(die) Kraftwerke (das Kraftwerk) power plant
(die) Kohleverbrennung coal combustion
(die) Stromerzeugung generation of electricity

Bibliografie

Allen, J. Boschung, A. Nauels, Y. Xia, V. Bex, & P. M. Midgley (Eds.), *Climate change 2013: The physical science basis. Contribution of working group I to the fifth assessment report of the Intergovernmental Panel on Climate Change* (1447-65). Cambridge University Press. https://www.ipcc.ch/site/assets/uploads/2018/02/WG1AR5_AnnexIII_FINAL.pdf.

National Aeronautics and Space Administration (NASA). (2020). *Resources: Global Warming vs. Climate Change | Overview: Weather, global warming, and climate change.* Global climate change: Vital signs of the planet. https://climate.nasa.gov/resources/global-warming-vs-climate-change/.

Patel, K. (n.d.). Airborne nitrogen dioxide plummets over China. NASA Earth observatory. https://earthobservatory.nasa.gov/images/146362/airborne-nitrogen-dioxide-plummets-over-china.

Planton, S. (2013). Annex III: Glossary. In T. F. Stocker, D. Qin, G.-K. Plattner, M. Tignor, S.K.

Stevens, J. (2020, 1 January-25 February). [Nitrogen dioxide plummeting over China] [Image]. Retrieved May 23, 2020 from https://earthobservatory.nasa.gov/images/146362/airborne-nitrogen-dioxide-plummets-over-china.

KAPITEL 2: WOHER WISSEN WIR, DASS SICH DAS KLIMA VERÄNDERT?

Es ist Samstag und Heidi, Daniel und Maria sind in einem Café im Zentrum Berlins. Sie suchen sich einen Tisch in der Ecke und setzen sich. Es ist ein ungewöhnlich heißer Tag für die letzte Woche im September.

Heidi: Wie schön, euch beide zu sehen! Wie geht es euch?

Maria: Alles gut, danke! Ich freue mich darauf, nächste Woche wieder mit dem Unterricht zu beginnen. Ich kann nicht glauben, dass es schon Ende September ist, wenn man bedenkt, wie heiß es ist! Es fühlt sich an wie August.

Daniel: Ja, genau! Warum gebt ihr mir nicht eure Bestellungen, ihr beiden, und ich bringe uns auch kaltes Wasser zu trinken?

Heidi: Das ist so nett von dir, Daniel! Wir müssen viel Wasser trinken, wenn es heiß ist. Ich nehme einen Cappuccino, bitte.

Daniel: Was ist mit dir, Maria?

Maria: Einen Tee, bitte. Danke, Schatz!

Daniel: Ich bin gleich wieder da!

Maria: Es tut so gut, in klimatisierten Räumen zu sein und die Hitze hinter sich zu lassen! Ich kann nicht glauben, wie heiß es heute ist. Du etwa?

Heidi: Doch, das kann ich! Ich bin gerade dabei, einen Artikel über diese Hitzewelle zu schreiben. Es ist so heiß wie im Sommer 2019, welcher der heißeste Sommer aller Zeiten nördlich des Äquators war!

Daniel: Ich bin wieder da! Hier sind eure Drinks, meine Damen. Habe ich gerade das Wort „Hitze" gehört? Du sprichst sicher von deinen Artikeln über den Klimawandel, Heidi.

Maria: Daniel, warum erzählst du ihr nicht von Frau Schmied?

Heidi: Frau Schmied?

Daniel: Frau Schmied ist eine ältere Frau, die allein in unserem Dorf lebt. Letzte Woche wurde ihr schwindelig, als sie in der heißen Sonne zum Supermarkt ging. Wir mussten sie für eine Nacht ins Krankenhaus einweisen.

Heidi: Oh, nein! Es tut mir so leid, das zu hören. Geht es ihr gut?

Daniel: Ja, sie ist jetzt wieder zu Hause. Ich habe ihr gesagt, dass sie viel Wasser trinken, einen Hut tragen oder einen Regenschirm mitnehmen soll, um die Sonne abzuschirmen, Sonnencreme auftragen und drinnen bleiben soll, wenn die Sonne sehr hell ist.

Maria: Wenn es nur regnen und alles abkühlen würde!

Heidi: Lustig, dass du das sagst! Wissenschaftler in Deutschland glauben, dass wir wegen des Klimawandels wahrscheinlich mehr Regen im Winter haben werden. Leider werden wir den Regen im Dezember nicht so sehr brauchen wie im Juli!

Maria: Wie wird der Klimawandel unser Leben noch verändern, abgesehen von nasseren Wintern und heißeren Sommern?

Heidi: Die Auswirkungen des Klimawandels sind auf der ganzen Welt unterschiedlich. Erinnerst du dich an die Brände in Australien?

Daniel: Ich schon! Sie haben fast so viel Land verbrannt wie ein Drittel von Deutschland!

Heidi: So viel Land ist verbrannt, weil die Sommer 2018 und 2019 sehr trocken waren. Wenn Pflanzen und Böden trocken sind, brennen sie leicht.

Maria: Ich war so traurig, als ich erfuhr, dass so viele Koalabären und Kängurus gestorben sind. Manche Leute dachten sogar, dass es keine Koalas mehr geben würde! Meine Schülerinnen und Schüler waren so bestürzt über die Tiere, dass wir den Arbeitern, die sich in Australien um die Tiere kümmern, Briefe zur Unterstützung geschrieben haben.

Heidi: Ja, das Aussterben von Tieren kann eine weitere Folge des Klimawandels sein. Wenn Tiere ihr Zuhause durch Feuer verlieren, können sie nicht überleben. Das betrifft aber nicht nur Koalas. Insekten und Fische zum Beispiel können nur schwer überleben, wenn es in ihrem Zuhause zu warm wird.

Daniel: Deshalb gibt es in der Pommesbude nicht immer Kabeljau, wenn wir dort Backfisch und Pommes kaufen!

Maria: Kein Kabeljau mehr für Backfisch und Pommes?! Jetzt weiß ich, was es heißt, unter dem Klimawandel zu leiden!

All: Ha ha ha!

Wichtiger Fakt:

- *Wir können den Klimawandel überall sehen: mehr Waldbrände, mehr heiße Tage, das Aussterben von Tieren und wie sich unser Körper anfühlt.*

Vokabular

bedenkt consider
(die) Hitzewelle heatwave
(der) Äquator equator
schwindelig dizzy
abkühlen to cool down
(die) Auswirkungen effects
verbrannt burnt
bestürzt upset
(der) Kabeljau cod
(der) Backfisch fried fish

Bibliografie

BBC News. (2020, January 31). *Australia fires: A visual guide to the bushfire crisis*. https://www.bbc.com/news/world-australia-50951043.

International Union for Conservation of Nature (ICUN). (n.d.). *Species and climate change*. Species: Our work. https://www.iucn.org/theme/species/our-work/species-and-climate-change.

Kehse, U.. (22. MÄRZ 2017). Mehr Regen im Winter, mehr Dürren im Sommer. Max-Planck- Gesellschaft. https://www.mpg.de/11178333/klimawandel-wassersysteme

National Health Service (NHS). (2018, January 12). *Heat exhaustion and heatstroke*. Health A to Z. https://www.nhs.uk/conditions/heat-exhaustion-heatstroke/.

National Oceanic and Atmospheric Administration (NOAA). (2019, September 16). *Summer 2019 was hottest on record for Northern Hemisphere*. News & Features. https://www.noaa.gov/news/summer-2019-was-hottest-on-record-for-northern-hemisphere.

Nuccitelli, D. (2020, January 17). *How climate change influenced Australia's unprecedented fires*. Yale Climate Connections. https://www.yaleclimateconnections.org/2020/01/how-climate-change-influenced-australias-unprecedented-fires/.

Samuel, S. (2020, January 7). *A staggering 1 billion animals are now estimated dead in Australia's fires*. Vox. https://www.vox.com/future-perfect/2020/1/6/21051897/australia-fires-billion-animals-dead-estimate.

KAPITEL 3: WANN BEGANN SICH UNSER KLIMA SO SCHNELL ZU VERÄNDERN?

Maria, Heidi und Daniel setzen ihr Gespräch im Café fort. Sie haben schon eine Weile über den Klimawandel gesprochen.

Maria: Heidi, ich habe noch eine weitere Frage zum Klimawandel und zur globalen Erwärmung an dich.

Heidi: Ja, natürlich! Mach weiter.

Maria: Der Planet war schon mal viel heißer als jetzt, oder?

Heidi: Ja, vor langer Zeit—vor 56 Millionen Jahren! Eigentlich zu warm für die Menschen. Es war so warm, weil die Luft einen hohen Anteil an Kohlendioxid, kurz CO_2, enthielt.

Daniel: Kohlendioxid ist ein sogenanntes „Treibhausgas", oder?

Heidi: Ja! Kohlendioxid kann in die Luft freigesetzt werden, wenn wir Kohle und andere Brennstoffe verbrennen. Der Kohlendioxidgehalt begann bald nach dem Beginn der industriellen Revolution zu steigen. Das ist die Zeit um 1800, als wir Bauernhöfe durch Fabriken ersetzt haben.

Maria: Das habe ich in der Schule gelernt! Die Fabriken verbrannten Kohle, um ihre Maschinen anzutreiben. Die verbrannte Kohle erzeugte dann viel dicken, schwarzen Rauch in Städten wie Chemnitz.

Heidi: Du hast recht. Der Rauch aus den Fabriken begann bereits 1830, die Temperatur der Ozeane zu verändern.

Daniel: Wow! Haben sich die Ozeane erwärmt?

Heidi: Und wie! Die Menge des Kohlendioxids in der Luft ist seit der industriellen Revolution um 45 % gestiegen!

Daniel: Wow! Das ist eine Menge Kohlendioxid!

Maria: Ja, das stimmt! Aber der Kohlendioxidgehalt steigt nicht jedes Jahr in gleichem Maße, oder?

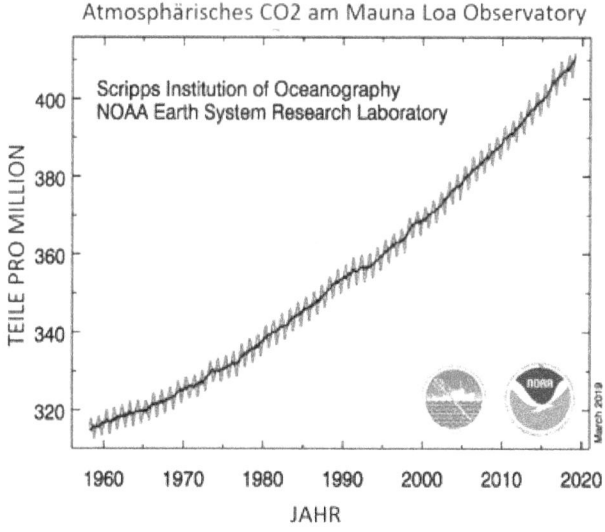

CO2 in der Atmosphäre am Mauna Loa Observatorium, Bild der NASA

Heidi: Nein, das tun sie nicht, Maria. Siehst du diese Grafik auf meinem Handy? Wenn wir die Linie gerade ziehen würden, würde sie bei etwa 370 und nicht 420 ppm enden. „Ppm" bedeutet „parts per million", also die Anzahl der Kohlendioxidpartikel in einer Million Luftteilchen.

Daniel: Nur damit ich das richtig verstehe: Wir haben Anfang des 19. Jahrhunderts damit begonnen, fossile Brennstoffe wie Kohle, Öl und Erdgas zu verbrennen, um unsere Fabriken zu betreiben, richtig?

Maria und Heidi: Genau!

Daniel: Durch die Verbrennung wird viel Kohlendioxid in die Atmosphäre freigesetzt. Oder?

Maria und Heidi: Richtig!

Daniel: Und da immer mehr Länder große Fabriken gebaut haben, ist der Kohlendioxidausstoß noch schneller gestiegen?

Heidi und Maria: Ganz genau!

Heidi: Das Gespräch über diese Hitze macht mich wieder durstig. Ich glaube, ich werde mir noch einen Cappuccino gönnen—diesmal einen eisgekühlten!

Daniel: Vergiss nicht, dein Wasserglas nachzufüllen!

Heidi: Das werde ich noch besser machen: Ich fülle alle unsere Wassergläser wieder auf!

Wichtige Fakten:

- *Unser Klima begann sich während der industriellen Revolution zu verändern, als Fabriken begannen, Kohle zu verbrennen.*
- *Seit den 1960er-Jahren hat sich das Klima schneller verändert, da sich das industrielle Wachstum weltweit ausgebreitet hat.*

Vokabular

(das) Kohlendioxid carbon dioxide
(das) Treibhausgas greenhouse gas
(die) industrielle Revolution industrial revolution
erzeugte produce
(das) Luftteilchen air particle
(die) fossilen Brennstoffe fossil fuels
(der) Kohlendioxidausstoß carbon dioxide emission
ausgebreitet spread

Bibliografie

Abram, N. J., McGregor, H. V., Tierney, J. E., Evans, M. N., McKay, N. P., Kaufman, D. S., & the PAGES 2k Consortium. (2016). Early onset of industrial-era warming across the oceans and continents. *Nature, 536*, 411-18. https://doi.org/10.1038/nature19082.

Buis, A. (2019, October 9). *Features | The atmosphere: getting a handle on carbon dioxide*. NASA. https://climate.nasa.gov/news/2915/the-atmosphere-getting-a-handle-on-carbon-dioxide/.

Encyclopaedia Britannica. (n.d.). Industrial revolution. In *Encyclopaedia Britannica*. Retrieved 22 March, 2020 from https://www.britannica.com/event/Industrial-Revolution.

NOAA. (n.d.). Atmospheric CO_2 at Mauna Loa Observatory [Infographic]. NASA. https://climate.nasa.gov/news/2915/the-atmosphere-getting-a-handle-on-carbon-dioxide/.

Planton, S. (2013). Annex III: Glossary. In T. F. Stocker, D. Qin, G.-K. Plattner, M. Tignor, S.K. Allen, J. Boschung, A. Nauels, Y. Xia, V. Bex, & P. M. Midgley, (Eds.), *Climate change 2013: The physical sciencebasis. Contribution of working group I to the fifth assessment report of the Intergovernmental Panel on Climate Chang*e (1447-65). Cambridge University Press. https://www.ipcc.ch/site/assets/uploads/2018/02/WG1AR5_AnnexIII_FINAL.pdf.

Scott, M. & Lindsey, R. (2014, August12). *What's the hottest Earth's ever been?* Climate.gov. https://www.climate.gov/news-features/climate-qa/whats-hottest-earths-ever-been.

Stadtverwaltung Chemnitz. *Industriegeschichte „Sächsisches Manchester"*. https://www.chemnitz.de/chemnitz/de/unsere-stadt/geschichte/industriegeschichte/index.html.

KAPITEL 4: WO KÖNNEN WIR GUTE INFORMATIONEN ÜBER DEN KLIMAWANDEL FINDEN?

Nachdem sie allen noch mehr Wasser in die Gläser geschüttet hat, bestellt Heidi einen eisgekühlten Cappuccino für sich, ein Mineralwasser für Daniel und ein Stück Kuchen für Maria. Mit ihren Bestellungen kehrt sie an den Tisch zurück.

Heidi: Hier, bitte sehr! Sie hatten den Karottenkuchen, Maria.

Maria: Mein Favorit! Danke, Heidi!

Daniel: Woher nimmst du die Informationen für deine Artikel? Ich würde gerne mehr über den Klimawandel lesen. Ich bin aber kein Wissenschaftler!

Heidi: Ich bin auch kein Wissenschaftler, aber du kannst viele gute Informationen online finden. Auf der Website der Vereinten Nationen findest du viele detaillierte Informationen über den Klimawandel. Dort findest du auch den großen wissenschaftlichen Bericht über den Klimawandel aus dem Jahr 2013, der vom Zwischenstaatlichen Ausschuss für Klimaänderungen, dem IPCC (auf Englisch: The Intergovernmental Panel on Climate Change), verfasst wurde.

Maria: Ich habe von dem IPCC-Bericht gehört! Ist er leicht zu lesen?

Heidi: Die Sprache kann schwierig sein. Außerdem ist er sehr lang. Das liegt daran, dass er der detaillierteste Bericht über den Klimawandel ist, der je geschrieben wurde. Die NASA hat eine Website zum Klimawandel, die viel einfacher zu lesen und kürzer ist! Auch das Umweltbundesamt hat viele gute Informationen.

Maria: Danke! Ich werde mir das mal ansehen. Gibt es auch gute Websites für Kinder?

Heidi: Auf jeden Fall! Die „Climate Kids" der NASA ist großartig. National Geographic hat auch eine gute Website für Kinder.

Maria: Das wird perfekt für meine Schüler sein! Ich denke, ich werde sie dieses Jahr über den Klimawandel unterrichten.

Daniel: Das ist eine wunderbare Idee!

Maria: Tja, meine Liebe, ich glaube, es ist Zeit zu gehen. Es war so schön, dich zu sehen, Heidi, und mehr über den Klimawandel zu erfahren! Wir können es kaum erwarten, deine Artikel zu lesen!

Heidi: Danke! Hey—ich habe eine Idee. Wie wäre es, wenn wir alle drei in den nächsten Wochen anfangen, mehr über den Klimawandel nachzudenken. Wenn wir uns dann wiedersehen, können wir unsere Erkenntnisse austauschen!

Daniel: Tolle Idee! Hoffen wir, dass das Wetter bis dahin auch ein bisschen kühler wird! Bis nächsten Monat, Heidi!

Heidi: Tschüss, Leute!

Daniel und Maria: Auf Wiedersehen!

Wichtiger Fakt:

- *Genaue wissenschaftliche Informationen über den Klimawandel findest du bei Organisationen wie den Vereinten Nationen, der NASA, dem Met Office und National Geographic.*

Vokabular

verfasst wurde was compiled
(das) Umweltbundesamt Federal Environment Agency
(die) Erkenntnisse realisations

Bibliografie

Bundesministerium für Umwelt, Naturschutz und nukleare Sicherheit (BMU). (23.02.2016). *Klimawandel.* https://www.umweltbundesamt. de/themen/klima-energie/klimawandel.

NASA. (n.d.). *Climate kids.* https://climatekids.nasa.gov. —. *Global climate change: vital signs of the planet.* https://climate.nasa.gov.

National Geographic Kids. (n.d.). *What is climate change?* https://www. natgeokids.com/au/discover/geography/general-geography/what-is-climate-change/.

United Nations (UN). (n.d.). *Climate change.* https://www.un.org/en/ sections/issues- depth/climate-change/.

van der Linden, S. L., Leiserowitz, A. A., Feinberg, G. D., &Maibach, E. W. (2014). The scientific consensus on climate change as a gateway belief: experimental evidence. *Climatic Change*, *126*, 255-62. https://doi.org/10.1371/journal.pone.0118489.s001.

TEIL ZWEI:
ELEMENTE DES KLIMASS

KAPITEL 5: KLIMATYPEN

Heidi ist im Büro ihrer Zeitung in Berlin-Mitte. Bei ihr sind ihr Redakteur Mark und ein Kollege, Patrick. Sie sprechen über ihre Artikelserie zum Klimawandel.

Mark: Herzlichen Glückwunsch zu diesem fantastischen Artikel über die Unterschiede zwischen Klima, Klimawandel und globaler Erwärmung, Heidi! Unsere Leserinnen und Leser haben ihn geliebt, und ich habe ihn auch geliebt!

Heidi: Danke, Mark! Es hat mir Spaß gemacht, ihn zu schreiben.

Patrick: Ja, hervorragende Arbeit! Darf ich dir trotzdem eine Frage stellen?

Heidi: Ja, natürlich!

Patrick: Toll, danke! Hier ist meine Frage: Wie viele verschiedene Klimas gibt es?

Heidi: Es gibt fünf große Klimaregionen. Wissenschaftler nennen sie Zonen A-E.

Patrick: Was sind das für welche?

Heidi: Ich werde es dir zeigen! Ich zeige es dir auf meinem Computer ... okay! Diese Karte zeigt also die fünf größten Klimaregionen.

Mark: Wie farbenfroh!

Heidi: Das finde ich auch? Beginnen wir mit Zone A. Das ist die tropische Klimaregion. Tropische Gebiete sind heiße und feuchte Orte in der Nähe des Äquators. Zum Beispiel die Regenwälder in Brasilien!

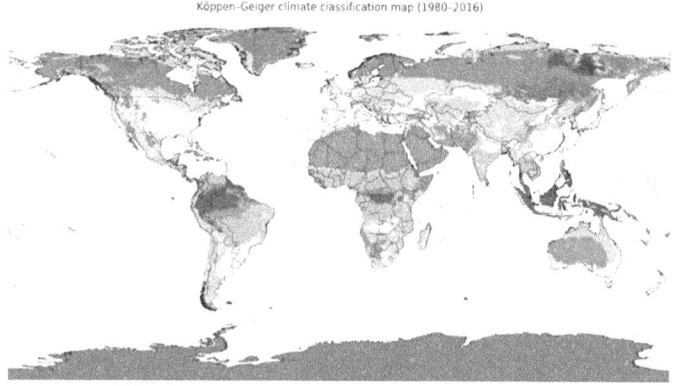

Aktualisierte Köppen-Geiger-Klimakarte der Welt, Copyright Peel et all (2007)

Patrick: Das würde also bedeuten, dass tropische Klimazonen heiß und feucht sind.

Mark: Auf der Karte ist Brasilien zu sehen … das bedeutet, dass Zone A die dunkelblauen Farben sein müssen. Es sieht so aus, als ob die anderen tropischen Zonen in West- und Zentralafrika und Südostasien liegen.

Heidi: Du hast recht, Mark! Als Nächstes kommt Zone B, die aride Region. „Arid" bedeutet „trocken", diese Gebiete sind also—

Mark: —heiße Wüsten! Wie in Nord- und Süd-Afrika, dem Nahen Osten und Australien.

Patrick: Ganz oben in Afrika befindet sich die Sahara-Wüste. Also muss Zone B die roten Farben sein, richtig?

Heidi: Ganz genau! Nun, Zone C wird die warme gemäßigte Zone genannt.

Mark: Gemäßigte Temperatur?

Heidi: „Gemäßigt" bedeutet „mild", also nicht zu heiß und nicht zu kalt. Wie hier in Deutschland!

Mark: Nun, Deutschland ist auf der Karte hellgrün gefärbt. Ich denke also, dass Zone C auf der Karte gelb und grün ist, wie Deutschland, Spanien, Frankreich und der Südosten der USA.

Patrick: Bei dieser Hitzewelle sind wir im Moment nicht gerade gemäßigt!

Mark: Ha ha! Ich stimme dir zu, Patrick! Abgesehen davon: Kannst du dir vorstellen, wie heiß es in den Zonen A und B jetzt sein muss?

Heidi: Mark, ich will gar nicht darüber nachdenken! Warum rätst du nicht, wie das Klima in Zone D ist? Man nennt sie die kontinentale Zone.

Mark: Oh, dieser Name ist ein bisschen schwierig. Wir nennen Europa aber oft „den Kontinent". In Ländern wie Frankreich, Deutschland und Osteuropa ist es im Winter kälter und schneereicher. Ich vermute, dass Zone D der Norden und das Binnenland Europas ist.

Patrick: Wenn du recht hast, Mark, dann ist Zone D das helle Blau über Europa sowie das lila und grünliche Blau über Russland und Kanada.

Heidi: Gut gemacht, ihr zwei! Die kontinentale Zone befindet sich in Nord-Europa, weg von den Küsten. Auch der mittlere und nordöstliche Teil der USA und der größte Teil Kanadas liegen in Zone D.

Patrick: Die letzte Klimaregion sollten also die grauen Gebiete über Nord-Russland, Grönland und der Antarktis sein. Das sind die gefrorenen Teile der Erde, richtig?

Heidi: Du hast es erraten! Zone E ist die sogenannte polare Region.

Patrick: Wie entscheiden Wissenschaftler, welche Orte in welchen Klimazonen liegen, Heidi?

Heidi: Sie messen viele Dinge, um zu entscheiden, welches Klima ein Ort hat. Zum Beispiel die Temperatur, die Regenmenge, die Nähe zum Meer oder Ozean, die Höhe des Landes über dem Meer, die Art der Pflanzen, die dort wachsen, und sogar die Art des Windes!

Patrick: Es ist mir egal, was die Klimaforscher sagen, die windigen Küsten Rügens sind nichts im Vergleich zu dieser erstickenden Hitze!

Heidi und Mark: Ha ha!

Patrick: Apropos Hitze: Ich werde die Klimaanlage aufdrehen! Aber nur um ein Grad, Heidi—ich weiß, wir sollten vorsichtig sein, wie viel Strom wir verbrauchen!

Heidi: Du bist so ein guter Schüler, Patrick!

Wichtige Fakten:

- *Das Klima einer Region wird von vielen Faktoren bestimmt, z. B. davon, wie nah sie am Äquator liegt, wie hoch über oder unter dem Meeresspiegel, wie nah am Meer, wie feucht die Luft ist, welche Pflanzen dort wachsen und welche Winde wehen.*

- *Die fünf Haupttypen von Klimazonen sind: tropisch, arid, gemäßigt, kontinental und polar.*

Vokabular

(der) Redakteur editor
(die) Klimaregionen climatic regions
farbenfroh colourful
(die) Regenwälder rain forests
gemäßigte Zone temperate zone
(das) Binnenland inland
erstickende Hitze suffocating heat
(der) Meeresspiegel sea level

Bibliografie

Lumen. (n.d.). *Humid continental (group D)*. https://courses.lumenlearning.com/geophysical/chapter/humid-continental-group-d/.

National Geography Society (NGS). (n.d.). Köppen climate classification system. In *National Geographic Resource Library*. Retrieved March 23, 2020 from https://www.nationalgeographic.org/encyclopedia/koppen-climate-classification-system/.

National Wildlife Federation (NWF). (n.d.). *Polar bear*. The National Wildlife Federation. https://www.nwf.org/Educational-Resources/Wildlife-Guide/Mammals/Polar-Bear.

Peel, M. C., Finlayson, B. L., & McMahon, T. A. (n.d.). Köppen classification map [Map]. In Köppen Climate Classification System. In *National Geographic Resource Library*. Retrieved March 23, 2020 from https://www.nationalgeographic.org/encyclopedia/koppen-climate-classification-system/.

KAPITEL 6: WIE FUNKTIONIERT DIE TEMPERATUR?

Patrick dreht die Klimaanlage auf und kehrt an seinen Schreibtisch zurück. Das Gespräch zwischen Mark, Heidi und ihm geht weiter.

Mark: Ich bin viel älter als ihr, und glaubt mir: Berlin war früher nicht so heiß!

Heidi: Ich glaube dir! Ich habe gerade einen Bericht aus dem Jahr 2018 gelesen, wonach die Jahresmitteltemperatur in Berlin 1881 bei 7.7 lag. 2018 lag sie bei 10.8. Das ist also eine Erhöhung der Jahresmitteltemperatur um 3.1.

Patrick: Okay, ich habe noch eine blöde Frage an euch beide.

Heidi: Keine Frage zum Klimawandel ist dumm, Patrick! Frag einfach.

Patrick: Was genau *ist* Temperatur? In der Luft, meine ich. Ich weiß, dass wir Wasser zum Kochen bringen, indem wir es erwärmen. Ist es also so einfach, dass die Sonne die Luft erwärmt, so wie ein Herd das Wasser in einem Topf erwärmt?

Mark: Ich glaube, du hast recht, Pat. In der Vergangenheit hat die Sonne unsere Luft auf genau die richtige

Temperatur aufgeheizt, damit Pflanzen, Tiere und Menschen gut leben können. Jetzt aber sind zu viele Treibhausgase in der Luft. Der Ofen ist zu heiß.

Heidi: Kochen ist ein guter Weg, um die globale Erwärmung zu verstehen! Wir können Gartenarbeit nutzen, um Treibhausgase zu verstehen. Gärtnert einer von euch?

Mark: Meine Frau liebt den Garten und ich helfe ihr im Sommer gerne beim Unkrautjäten—wenn es nicht zu heiß ist, versteht sich! Was ist mit dir, Pat?

Patrick: Nee. Meine Mutter liebt es zu gärtnern, und ihre Tomaten sind die besten auf Rügen. Aber ich habe leider den braunen Daumen in der Familie! Aber ich liebe es, Gärten zu besuchen, zum Beispiel den Botanischen Garten Berlin.

Heidi: Dann musst du all die schönen Orchideen im Haus D gesehen haben!

Patrick: Ja, ich liebe das Treibhaus! Und ich weiß genau, wie es funktioniert.

Heidi und Mark: Sag es uns, bitte!

Patrick: Ein Treibhaus ist ein Glasgebäude für Pflanzen, die eine wärmere Luft als die Außenluft benötigen. Das Glas lässt die Sonnenwärme herein und verhindert, dass die Wärme nach außen dringt. Auf diese Weise bleibt die Luft im Treibhaus warm.

Mark: Und deshalb wird Kohlendioxid auch als Treibhausgas bezeichnet. Es hält die Wärme der Sonne zurück und macht die Erde zu einem großen Treibhaus.

Heidi: Ganz genau! Ohne den Treibhauseffekt wäre es auf der Erde nämlich zu kalt, um zu leben.

Mark: Wie die Gärtnerinnen und Gärtner, die die Pflanzen im Botanischen Garten am Leben erhalten, müssen wir unser Gewächshaus also vor Überhitzung schützen.

Heidi: Dieser Vergleich gefällt mir sehr gut, Mark! Kann ich ihn in meinem Artikel über die Temperatur und den Treibhauseffekt verwenden?

Mark: Natürlich—schreibe einfach dazu, dass die Frau deines netten Redakteurs einen tollen eigenen Garten hat!

Heidi: Ha ha—abgemacht!

Wichtige Fakten:

- *Die Temperatur misst, wie heiß die Luft ist, wenn sie von der Sonne erwärmt wird.*
- *Der Treibhauseffekt entsteht, wenn Gase wie Kohlendioxid die Sonnenwärme in unserer Atmosphäre einfangen und die Erde erwärmen.*

Bibliografie

Botanischer Garten und Botanisches Museum Berlin. *Orchideen.* Botanischer Garten und Botanisches Museum Berlin (BGBM), Berlin. https://www.bgbm.org/de/node/209

—. (n.d.). [Temperate House] [Photograph]. *Temperate House: discover rare and threatened plants in the world's largest Victorian glasshouse.* Royal Botanic Gardens, Kew. https://www.kew.org/kew-gardens/whats-in-the-gardens/temperate-house.

RBB24. (2019). Klimawandel: *Das erwartet Berlin und Brandenburg bis 2100.* https://www.rbb24.de/panorama/thema/2019/klimawandel/beitraege/klimawandel-berlin-brandenburg-zukunft-szenario-2100.html

University Corporation for Atmospheric Research (UCAR). (2011). *The greenhouse effect.* https://scied.ucar.edu/longcontent/greenhouse-effect.

KAPITEL 7: WAS IST NOCH HEISSER ALS HEISSE LUFT? FEUCHTE LUFT!

Zwei Tage später sind Mark, Heidi und Patrick zurück im Büro. Es ist immer noch heiß, aber heute ist der Himmel voller dunkler Wolken. Plötzlich beginnt es zu regnen. Patrick schaut aus dem Fenster.

Patrick: Dem Himmel sei Dank! Der Regen sollte alles ein wenig abkühlen.

Heidi: Hurra! Wir könnten eine Pause von der Hitzewelle gebrauchen.

Mark: Jetzt, wo es regnet, wird sich die Luft nicht mehr so feucht anfühlen.

Heidi: Und mein lockiges Haar wird nicht jeden Morgen doppelt so groß sein!

Patrick: Ich finde, es sieht glamourös aus, Heidi! Mir wird bei feuchter Luft so heiß und schwül, dass ich durch meine Kleidung schwitze. Nicht so glamourös.

Heidi: Ha ha—da hast du wohl recht!

Mark: Heidi, du bist unsere Klimaexpertin, also lass mich dich fragen: Was genau ist Luftfeuchtigkeit? Ich denke immer, dass es die Menge an Feuchtigkeit in der Luft ist.

Heidi: Ja, genau! Die Luftfeuchtigkeit ist die Menge an Wasser in der Luft. Hier ist ein guter Vergleich: Wenn jemand Wasser auf uns schütten würde, würden unsere Kleider an unserem Körper kleben. So ist es auch mit der Luftfeuchtigkeit in der Luft. Das Wasser in der Luft macht sie—und uns—feuchter und klebriger.

Patrick: Als Experte für Schwitzen kann ich dir auch sagen, dass es schwieriger ist, sich abzukühlen, wenn die Luftfeuchtigkeit hoch ist.

Mark: Warum ist das so, Pat?

Patrick: Wenn wir schwitzen, nimmt die heiße Luft um uns herum den Schweiß auf. Das kühlt uns ab. Es ist so, als ob man die Tür zum Treibhaus öffnet und die heiße Luft entweichen lässt.

Mark: Unser Körper ist also das Treibhaus, und wir öffnen die Tür, wenn wir schwitzen.

Patrick: Richtig. Aber wenn die Luft außerhalb des Gewächshauses noch heißer ist als die Luft im Inneren, dann können wir uns nicht abkühlen, indem wir die Tür öffnen. Wenn die Luft genauso nass ist wie wir, kühlen wir uns auch nicht ab.

Heidi: Wow, du bist wirklich ein Experte in Sachen Schweiß, Patrick! Ich bin beeindruckt.

Patrick: Ha ha—danke, denke ich! Deshalb sagen auch immer alle, dass sie trockene Hitze der nassen oder feuchten Hitze vorziehen. Als ich zum Beispiel zur Hochzeit meines Freundes Raj während der Monsunzeit in Indien war, dachte ich, ich würde schmelzen!

Heidi: Das liegt an der sogenannten Feuchtkugeltemperatur. Sie misst Wärme *und* Feuchtigkeit. Tatsächlich wird sie gemessen, indem man ein nasses Tuch auf das Thermometer legt!

Mark: Was für eine einfache Art, das zu tun!

Heidi: Es ist wahr! Wenn die Feuchtkugeltemperatur 32 erreicht, wird es gefährlich, ins Freie zu gehen. Wissenschaftlerinnen und Wissenschaftler glauben, dass dies jeden Sommer an mindestens 3-5 Tagen in Orten wie Nord-Indien, Mittel- und Südamerika der Fall sein wird.

Mark: Die Menschen könnten also sterben, wenn sie nach draußen gehen?

Heidi: Leider, ja. Das könnten sie.

Patrick: Unsere Hitzewelle scheint plötzlich gar nicht mehr so schlimm zu sein, oder?

Mark: Ganz und gar nicht, Patrick.

Wichtige Fakten:

- *Die Luftfeuchtigkeit ist das Maß für die Wassermenge in der Luft.*
- *Feuchte Luft ist gefährlicher als trockene Luft, weil wir nicht abkühlen können, wenn wir schwitzen.*
- *Aufgrund der globalen Erwärmung wird es an einigen Orten der Erde zu heiß, um nach draußen zu gehen, ohne krank zu werden oder sogar zu sterben.*

Vokabular

(die) Jahresmitteltemperatur annual mean temperature
erwärmt warm up
(das) Unkrautjäten weeding
(das) Treibhaus greenhouse
verhindert prevent
(das) Gewächshaus glasshouse
(die) Überhitzung over-heating

Bibliografie

Chen, X., Li, N., Liu, J., Zhang, Z., & Liu, Y. (2019). Global heat wave hazard considering humidity effects during the 21st century. *International journal of environmental research and public health*, *16*(9), 1513. https://doi.org/10.3390/ijerph16091513

Krajick, K. (2017, December 22). *Humidity may prove breaking point for some areas as temperatures rise, says study*. Columbia University Earth Institute. https://blogs.ei.columbia.edu/2017/12/22/humidity-may-prove-breaking-point-for-some-areas-as-temperatures-rise-says-study/.

National Geography Society (NGS). (n.d.). Humidity. In *National Geographic Resource Library*. Retrieved March 29, 2020 from https://www.nationalgeographic.org/encyclopedia/koppen-climate-classification-system/

Newth, D. &Gunasekera, D. (2018). Projected changes in wet-bulb globe temperature under alternative climate scenarios. *Atmosphere, 9* (5), 187. https://doi.org/10.3390/atmos9050187.

Science Buddies &Lohner, S. (2017, September 14). *Chilling science: evaporative cooling with liquids*. Scientific American. https://www.scientificamerican.com/article/chilling-science-evaporative-cooling-with-liquids/.

KAPITEL 8: REGEN, REGEN, GEH NICHT WEG: REGEN, WIND UND WOLKEN

Das Gespräch zwischen Heidi, Mark und Patrick geht weiter, während der Regen stärker wird.

Patrick: Wir haben Glück, dass es hier nie so heiß wird. Obwohl wir für meinen Geschmack viel zu viel Regen haben!

Mark: Ah, Regen. Erinnert sich jemand von euch daran, in der Schule etwas über den Wasserkreislauf gelernt zu haben?

Heidi und Patrick: Ja, natürlich!

Heidi: Aber mach weiter, Mark. Sag uns, was du weißt!

Mark: Also gut! Mal sehen ... die Luft saugt das Wasser aus dem Ozean auf wie ein Vakuum. Dieses Wasser bildet die Wolken in der Luft.

Heidi und Patrick: Treffer!

Mark: Da immer mehr Wasser aufgenommen wird, werden die Wolken größer und schwerer. Wenn sie das Wasser nicht mehr halten können, fällt es als Regen auf den Boden. Der Regen füllt unsere Seen, Flüsse und

Ozeane. Er dringt auch in den Boden ein und hält den Boden feucht. Und der Kreislauf geht weiter.

Patrick: Wow, Mark! Klingt, als könntest du diese Grundschulklasse gerade unterrichten.

Heidi: Meine Freundin Maria ist Grundschullehrerin. Sag mir Bescheid, wenn du mal den Beruf wechseln willst, und ich bringe euch beide in Kontakt!

Mark: Ha ha—sehr witzig, ihr zwei!

Patrick: In meiner Grundschule unterrichteten uns die Lehrer mehr über Wind. Das lag daran, dass wir an der windigen Küste an der Nordsee lebten.

Heidi: Was genau ist also Wind, Patrick?

Patrick: Wind entsteht, wenn sich Luft von Orten mit hohem Druck zu Orten mit niedrigem Druck bewegt. Das ist so, wie wenn du die Luft aus einem Reifen ablässt.

Mark: Oder wenn ich nach Hause komme und meine Beine und Arme auf der Couch ausbreite. Es sei denn, unser Hund Trixie nimmt die Hälfte der Kissen in Beschlag!

Heidi: Ha ha—mir gefällt der Gedanke, dass die Luft sich genauso gerne ausbreitet wie wir! Haben sich die Winde in Deutschland verändert, seit du ein Kind warst, Patrick?

Patrick: In der Tat, das haben sie! Oder sie werden es tun. Wissenschaftler glauben, dass es in Zukunft größere saisonale Schwankungen geben wird. Im Sommer wird es weniger Wind geben, dafür wird für die Wintermonate eine Zunahme vorhergesagt.

Mark: Das heißt, wir werden im Sommer weniger Energie mit Windrädern gewinnen können?

Patrick: Genau!

Heidi: Apropos Regen: Die Wolken kühlen und wärmen unseren Planeten.

Mark: Huh! Das *ist* interessant.

Heidi: Wir werden wahrscheinlich mehr Wolken haben, die die Sonnenwärme abhalten. Aber Wolken absorbieren auch die Sonnenwärme, wie ein Treibhausgas.

Patrick: Na, das war ja mal ein tolles Gespräch über Wetter und Klima! Und siehe da—der Regen hat aufgehört. Warum beenden wir nicht unseren Arbeitstag und gehen in die Kneipe?

Heidi und Mark: Klingt toll!

Wichtige Fakten:

- *Der Wasserkreislauf ist die Bewegung des Wassers von den Ozeanen zum Boden und wieder zurück in Form von Wolken und Regen.*
- *Wind entsteht, wenn sich Luft von engeren Räumen mit hohem Druck (mit viel Luft) zu Orten mit niedrigem Druck (mit weniger Luft) bewegt.*

Vokabular

schwül humid
klebriger more sticky
entweichen to escape
schmelzen to melt
(die) Feuchtkugeltemperatur wet-bulb temperature

Bibliografie

Lemonick, M. (2010, August 30). *The effect of clouds on climate: A key mystery for researchers*. Yale Environment 360. https://e360.yale.edu/features/the_effect_of_clouds_on_climate_a_key_mystery_for_researchers.

NASA. (n.d.). *How do clouds affect Earth's climate?* Climate Kids. https://climatekids.nasa.gov/cloud-climate/.

---- (n.d.) *The Water Cycle*. Precipitation Education. https://pmm.nasa.gov/education/water- cycle.

Helmholtz-Zentrum Potsdam - Deutsches GeoForschungsZentrum GFZ. *Der Einfluss des Klimawandels auf die Windkraft*. https://www.eskp.de/energiewende-umwelt/der-einfluss-des-klimawandels-auf-die-windkraft-935998/.

Weiss, C. (2005, July 18). *Where does wind come from?* Scientific American. https://www.scientificamerican.com/article/where-does-wind-come-from/.

TEIL DREI: DAS TIERREICH UND DER KLIMAWANDEL

Eine Woche später sitzt Maria in ihrem Klassenzimmer in der dritten Klasse der Grundschule. Es ist 8 Uhr morgens. Sie steht mit zwei ihrer Schüler, der 8-jährigen Emma und dem 9-jährigen Abdul, vor einem Tierkäfig. Der Klassenhamster namens Schneeball lebt in dem Käfig.

KAPITEL 9: WIE WIRKT SICH DER KLIMAWANDEL AUF TIERE AUS?

Abdul: Frau Kuster! Ich kann Schneeball nicht sehen. Er läuft nicht auf seinem Laufrad und frisst auch nicht sein Futter.

Maria: Er muss in seiner kleinen Plastikburg sein. Wahrscheinlich ist er dort drin, weil er sich an einem so heißen Tag im Kühlen aufhalten will.

Emma: Ich wünschte, er käme raus und würde mit uns spielen!

Maria: Ich weiß, dass du das tust, Emma! Aber er tut das Richtige. Wir sollten alle im Schatten bleiben, wenn es heiß ist!

Abdul: Was ist, wenn es zu heiß wird? Wird Schneeball krank werden?

Maria: Mach dir keine Sorgen, Abdul. Die Schule und ich würden nie zulassen, dass Schneeball so etwas passiert.

Emma: Aber was ist mit den Tieren, die nicht in Plastikschlössern leben können? Wie die Löwen und Bären im Berliner Zoo? Sind sie sicher, wenn es draußen heiß ist?

Maria: Ja, Emma, das sind sie. Die Zoowärter haben schattige Plätze für sie gebaut, wenn es zu heiß ist. Sie sorgen auch dafür, dass sie viel Wasser zu trinken haben. Manchmal duschen sie sie sogar mit kaltem Wasser ab.

Emma: Oh, ich verstehe! Ich dusche mein Pony auch, nachdem ich es geritten habe.

Maria: Ganz genau!

Abdul: Oh, gut! Aber was ist mit Tieren, die nicht in Zoos leben?

Maria: Gute Frage, Abdul. Die Wahrheit ist, dass viele Tiere von der Hitze draußen betroffen sind. Fast die Hälfte aller Säugetiere - Tiere wie wir, die Haare und Fell haben - werden durch den Klimawandel geschädigt.

Abdul: Oh, nein!

Maria: Wenn Schneeball keine Burg in seinem Käfig hätte, würde es ihm zu heiß werden. Oder wenn wir seinen Wassernapf nicht auffüllen würden, könnte er nicht trinken. Tiere in der Wildnis haben niemanden wie uns, der sich um sie kümmert. Deshalb ist es für sie oft schwierig zu wissen, was sie tun sollen.

Abdul: Können Sie uns mehr über die Wildtiere erzählen, Frau Kuster?

Maria: Sicher! Das mache ich gerne.

Wichtiger Fakt:

- *Der Klimawandel macht es den Tieren schwer, in ihrer gewohnten Umgebung zu leben. Das liegt meist daran, dass ihr Zuhause zu heiß oder zu trocken wird.*

Vokabular

(der) Wasserkreislauf water cycle
Treffer! Exactly!
ablässt drain
saisonale Schwankungen seasonal fluctuations
entsteht emerge

Bibliografie

Hance, J. (2017, April 5). Climate change impacting 'most' species on Earth, even down to their genomes. *The Guardian*. https://www.theguardian.com/environment/radical-conservation/2017/apr/05/climate-change-life-wildlife-animals-biodiversity-ecosystems-genetics

Pacifici, M., Visconti, P., Butchart, S. H. M., Watson, J. E. M., Cassola F. M., & Rondini, C.(2017). Species' traits influenced their response to recent climate change. *Nature Climate Change*, 7,205–208. https://doi.org/10.1038/nclimate3223.

Scheffers, B. R., De Meester, L., Bridge, T. C. L., Hoffman, A. A., Pandolfi, J. M., Corlett, R. T., Butchart, S. H. M., Pearce-Kelly, P., Kovacs, K. M., Dugeon, D., Pacifici, M. Rondinini, C., Foden, W. B., Martin, T. G., Mora, C., Bickford, D., Watson, J. E. M. (2016). The broad footprint of climate change from genes to biomes to people. *Science*, *354*(6313), aaf7671. https://doi.org/10.1126/science.aaf7671.

KAPITEL 10: IM DSCHUNGEL, IM MÄCHTIGEN DSCHUNGEL: DIE REGENWÄLDER

Es ist 8:10 Uhr. Maria holt ein paar Bücher von ihrem Schreibtisch. Sie bringt sie zurück zu Emma und Abdul. Die drei setzen sich auf den Teppich. Maria nimmt das erste Buch von ihrem Stapel und öffnet es, um Emma und Abdul zu zeigen, was darin steht.

Maria: Fangen wir mit den Regenwäldern an. Wusstet ihr, dass etwa die Hälfte aller Tiere und Pflanzen auf der Welt in Regenwäldern leben?

Emma und Abdul: Wow!

Abdul: Wie Tiger?

Emma: Und Affen?

Maria: Ja! Vögel und Insekten auch.

Emma: Was genau ist ein Regenwald, Frau Kuster? Ist es einfach ein Wald, in dem es viel regnet?

Maria: Gut gemacht, Emma! Alle Wälder bekommen etwas Regen ab. Das liegt daran, dass Bäume Wasser brauchen, um zu wachsen. Regenwälder bekommen jedoch den meisten Regen ab: mehr als 1800 mm pro Jahr!

Abdul: Wow! Das ist viel mehr Regen als wir hier in den Wäldern in der Nähe unseres Hauses bekommen.

Maria: Das ist wahr, Abdul. Regenwälder sind auch heißer und feuchter als unsere Wälder hier in Deutschland. Das liegt daran, dass sie sich in wärmeren Gegenden wie Mittel- und Südamerika, Zentralafrika und Südostasien befinden. Hier ist eine Karte mit allen Regenwäldern der Welt!

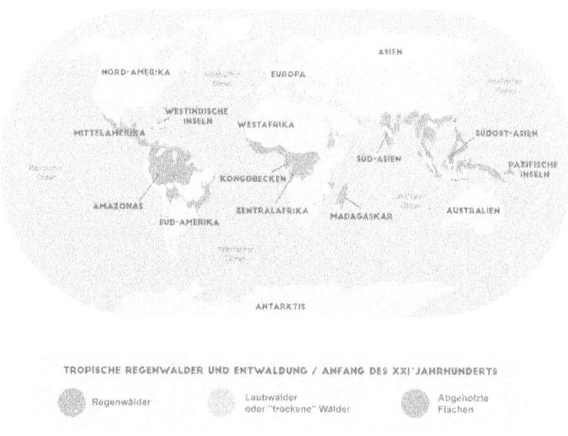

Bild erstellt von Jeffie Jasmine für Olly Richards Publishing, Daten aus der Encyclopaedia Britannica

Emma: Hier in Potsdam gibt es keine Regenwälder! Aber Frau Kuster, was bedeutet die orange Farbe? Was ist … „entwaldete Fläche"?

Maria: Versuche, das Wort zu zerlegen, Emma. Ich glaube, du kannst es herausfinden!

Emma: Nun, ich weiß, was Wald ist.

Maria: Ja, das tust du! Und was ist mit dem ersten Teil des Wortes? Dem „ent-"?

Emma: Nun ... unserer Katze wurden gerade die Vorderkrallen entfernt. Mama hat gesagt, dass der Tierarzt Mustard „entkrallt" hat. Ist ein „entwaldetes" Gebiet also ein Ort, an dem der Wald abgeholzt wurde?

Maria: Ausgezeichnet, Emma! Du hast recht.

Abdul: Aber warum sollte jemand die Regenwälder abholzen, Frau Kuster?

Maria: Manchmal, Abdul, passieren Dinge auf natürliche Weise. Wie Brände oder Überschwemmungen. Der Mensch holzt auch Regenwälder ab.

Abdul: Warum?

Maria: Es gibt viele Gründe! Um Platz für die Landwirtschaft zu schaffen. Um Holz zum Heizen ihrer Häuser zu bekommen. Um das zu nutzen, was in den Bäumen steckt, wie zum Beispiel Öle.

Abdul: Was passiert mit den Tieren, wenn wir das tun?

Maria: Sie können ihr Zuhause verlieren oder nicht genug zu essen haben.

Emma und Abdul: Oh!

Maria: Der Verlust unserer Regenwälder schadet jedoch uns allen.

Emma und Abdul: Wie denn?

Maria: Weißt du noch, was du letzte Woche über das Gas Kohlendioxid gelernt hast?

Abdul: Ich schon! Kohlendioxid ist ein Gas, das die Sonnenwärme daran hindert, zurück ins All zu gelangen.

Maria: Ganz genau! Kohlendioxid hält die Erde warm genug, damit wir leben können. Zu viel Kohlendioxid macht sie jedoch zu heiß.

Abdul: Aber wie können Bäume helfen?

Maria: Bäume nehmen Kohlendioxid aus der Luft auf. Sie speichern es in ihren Stämmen und Blättern. Wenn wir die Bäume fällen, wird das Kohlendioxid in ihnen wieder an die Luft abgegeben.

Emma: Also brauchen auch die Orte, an denen es keine Bäume gibt, Bäume!

Maria: Genau, Emma! Orte wie Wüsten. Warum schauen wir uns als Nächstes nicht die Wüstentiere an?

Emma und Abdul: Einverstanden!

Wichtige Fakten:

- *Unsere Regenwälder beherbergen fast die Hälfte aller Tiere und Pflanzen und schützen uns vor der globalen Erwärmung.*
- *Tiere und Pflanzen im Regenwald verlieren ihr Zuhause und ihre Nahrungsquellen, wenn wir die Regenwälder abholzen.*
- *Die Zerstörung der Regenwälder verstärkt auch die globale Erwärmung.*

Vokabular

(das) Laufrad wheel
aufhalten (sich aufhalten) to dwell
ich wünschte, er käme I wished he came
(die) Säugetiere mammals
geschädigt (schädigen) damaged
(die) Umgebung surrounding

Bibliografie

Bradford, A. (2018, July 28). *Facts about rainforests*. Live Science. https://www.livescience.com/63196-rainforest-facts.html.

Encyclopaedia Britannica. (n.d.). Rainforest. In *Encyclopaedia Britannica*. Retrieved April 5, 2020 from https://www.britannica.com/science/rainforest.

—. Tropical forests and deforestation in the early 21st century. [Infographic.] In *Encyclopaedia Britannica*. Retrieved April 5, 2020 from https://www.britannica.com/science/rainforest#/media/1/939108/19260.

Scheer, R. & Moss, D. (2012, November 13). *Deforestation and its extreme effect on global warming*. Scientific American. https://www.scientificamerican.com/article/deforestation-and-global-warming/.

Sen Nag, O. (2019, December 16). *What Animals Live In The Tropical Rainforest*. World Atlas. https://www.worldatlas.com/articles/tropical-rainforest-animals.html.

University College London. (2005, December 5). *Why The Amazon Rainforest Is So Rich In Species*. ScienceDaily. www.sciencedaily.com/releases/2005/12/051205163236.htm.

World Wildlife Federation (WWF). (2020, January 17). *8 things to know about palm oil*. https://www.wwf.org.uk/updates/8-things-know-about-palm-oil.

Yale School of Forestry and Environmental Studies. (n.d.). *Climate change and tropical forests*. Global Forest Atlas. https://globalforestatlas.yale.edu/climate-change/climate-change-and-tropical-forests.

KAPITEL 11: TROCKEN WIE EINE WÜSTE

Maria schlägt ein weiteres Buch auf. In diesem geht es um Wüsten. Es ist jetzt 8:15 Uhr.

Maria: Hier ist eine Karte mit allen Wüsten der Welt:

1. Großes-Becken-Wüste
2. Sechura Wüste
3. Atacama Wüste
4. Patagonian Wüste
5. Sahara Wüste
6. Arabische Wüste
7. Turkestan Wüste
8. Große Indische Wüste
9. Wüste Gobi
10. Kalahari und Namib Wüsten

Bild erstellt von Jeffie Jasmine für Olly Richards Publishing, Daten von LEO EnviroSci Inquiry

Emma und Abdul: Fantastisch!

Abdul: Die große Wüste mit der Nummer 5? An der Spitze von Afrika? Das ist die Sahara! Meine Eltern haben dort gelebt, in Mali, bevor sie hierher kamen. Ich habe dort immer noch viele Verwandte.

Emma: Wow! Das ist eine riesige Wüste.

Maria: Es ist die größte Wüste der Welt, Emma. Sie ist fast 5000 km lang!

Emma und Abdul: Wow!

Emma: Haben deine Eltern Kamele in der Wüste gesehen, Abdul?

Abdul: Ja! Meine Eltern sind immer auf Kamelen geritten. In der Wüste leben auch andere Tiere. Zum Beispiel Vögel und Käfer, Schildkröten und Eidechsen.

Maria: Weißt du noch, was wir letzte Woche über Schildkröten und Eidechsen gelernt haben? Sie sind kaltblütige Tiere. Weißt du noch, was das bedeutet?

Abdul: Ich schon! Kaltblütige Tiere sind so warm oder kalt wie die Luft, in der sie leben. Sie können ihren Körper nicht aufwärmen, wie wir es können.

Maria: Bravo! Wenn es in der Wüste, in der sie leben, zu heiß oder zu kalt wird, dann wird es auch den Tieren zu heiß oder zu kalt.

Emma: Du meinst Tiere wie Rocky?

Maria: Wer ist Rocky, Emma?

Abdul: Rocky ist die Schildkröte, die in Herr Dachingers Klassenzimmer lebt. Herr Dachinger war letztes Jahr unser Lehrer.

Maria: Oh, ich verstehe! Nun, Schildkröten leben normalerweise an feuchteren Orten. Größere Schildkröten, die sogenannten Landschildkröten, leben allerdings in der Wüste. Ihnen kann es definitiv zu heiß werden!

Abdul: Aber Wüsten sind schon heiß! Mögen sie das heiße Wetter nicht?

Maria: Normalerweise mögen sie das heiße Wetter! Aber eine Veränderung von nur 1 oder 2 kann einen großen Unterschied machen. Sie kann Wüsten nicht nur heißer, sondern auch trockener machen. Wasser ist in Wüsten ohnehin schon schwer zu finden. Nur ein bisschen mehr Hitze kann es noch schwieriger machen, Wasser zu finden.

Abdul: Und alle Tiere brauchen Wasser zum Leben, nicht wahr, Frau Kuster?

Maria: Richtig! *Alle* Lebewesen brauchen Wasser zum Leben.

Emma: Ich bin froh, dass Rocky bei Herrn Dachinger lebt und nicht in der Wüste! Wir haben seinen Wassernapf jeden Tag gefüllt. Er hatte immer jede Menge Wasser zu trinken!

Maria: Ich bin froh, das zu hören, Emma!

Wichtiger Fakt:

- *Der Klimawandel macht die Wüsten heißer und trockener. Diese Veränderungen machen das Leben für die Tiere, die dort leben, schwierig.*

Vokabular

kaltblütige Tiere cold-blooded animals
aufwärmen to warm up
(der) Wassernapf water bowl

Bibliografie

Gritzner, J. A. & Peel, R. F. (2019, November 26). Sahara. In *Encyclopaedia Britannica*. https://www.britannica.com/place/Sahara-desert-Africa.

Infrared Processing and Analysis Center (IPAC). *Warm and Cold-Blooded*. http://coolcosmos.ipac.caltech.edu/image_galleries/ir_zoo/coldwarm.html.

Lovich, J. E., Yackulic, C. B., Freilich, J., Agha, M., Austin, M., Meyer, K. P., Arundel, T. R., Hansen, J., Vamstad, M. S., & Root, S. A. (2014). Climatic variation and tortoise survival: Has a desert species met its match? *Biological Conservation*, *169*, 214-24. https://doi.org/10.1016/j.biocon.2013.09.027.

McDermott, A. (2016, May 23). *Climate change may be as hard on lizards as on polar bears*. The Atlantic. https://www.theatlantic.com/science/archive/2016/05/climate-change-deserts/483896/.

Scholastic, Inc. (n.d.). [Map of global deserts]. Retrieved April 8, 2020 from https://ei.lehigh.edu/envirosci/weather/bitsofbiomes/deserts.html.

Vale, C. G. & Brito, J. C. (2015). Desert-adapted species are vulnerable to climate change: Insights from the warmest region on Earth. *Global Ecology and Conservation, 4*, 369-79. https://doi.org/10.1016/j.gecco.2015.07.012.

KAPITEL 12: GROSSE FISCHE, KLEINE FISCHE: KLIMAWANDEL UND UNSERE OZEANE

Abdul nimmt sich das nächste Buch vom Stapel. Er schaut sich die Bilder an. Es ist 8:20 Uhr.

Maria: Abdul, kannst du Emma und mir den Titel des Buches laut vorlesen?

Abdul: Da steht … *Alles nass: Tiere des Ozeans*. Hi hi-das ist ein lustiger Titel!

Maria: Ha ha - ich stimme dir zu, Abdul! Aber das ist ein guter Punkt. Wir haben gerade über die trockensten Orte der Erde gesprochen. Jetzt reden wir über die feuchtesten Orte.

Emma: Mein Vater fährt jeden Tag aufs Meer hinaus! Er ist ein Fischer. Er fängt Kabeljau und Schellfisch für die örtlichen Frittenbuden.

Abdul: Mmmmmm! Ich liebe Backfisch und Pommes.

Emma: Ich auch! Aber gestern Abend hat Papa Mama erzählt, dass er dieses Jahr nicht so viele Fische fängt. Er sagt, das liegt an dem warmen Wetter.

Maria: Es tut mir leid, das zu hören, Emma! Kabeljau und andere große Fische mögen normalerweise kaltes Wasser. Also muss das Wasser dieses Jahr wärmer sein als sonst.

Abdul: Frau Kuster, wie erwärmen sich die Ozeane?

Maria: Durch Kohlendioxid.

Abdul: Aus der Luft?

Maria: Ja, Abdul! Die Ozeane nehmen Kohlendioxid aus der Luft auf. In den letzten 200 Jahren haben die Ozeane fast 530 Milliarden Tonnen Kohlendioxid absorbiert!

Emma und Abdul: Wow!

Maria: Das gesamte Kohlendioxid in den Ozeanen speichert Wärme, genau wie das Kohlendioxid in der Luft.

Emma: Macht das Kohlendioxid noch etwas anderes mit den Ozeanen?

Maria: Ja, das tut es! Es macht die Ozeane saurer, oder voller Säure. Das wäre so, als würde jemand Essig in dein Wasser schütten, bevor du es trinkst.

Emma und Abdul: Igitt!

Abdul: Was passiert mit den Fischen, wenn das Wasser wie Essig wird, Frau Kuster?

Maria: Die Säure zerfrisst Materialien wie Knochen und Schalen. Das ist so, als ob zu viel Zitronensaft oder Essig unseren Zähnen schaden kann. So verlieren Tiere wie Austern und Muscheln die Schalen, in denen sie leben.

Außerdem verlieren einige Fische wichtige Sinne, wenn das Wasser zu viel Säure enthält. Clownfische können zum Beispiel nur schwer nach Hause zurückkehren, wenn sie von dort wegschwimmen. Das bringt sie in Gefahr. Erinnerst du dich an den Film *Findet Nemo*? Nemo ist ein Clownfisch.

Emma: Nemo ist in diesem Film verloren gegangen. Sein Vater musste ihn finden!

Maria: Das ist wahr, Emma! Nemo ging verloren, als ein Mensch ihn aus dem Ozean mitnahm. Aber auch andere Clownfische gehen verloren, weil die Ozeane zu warm sind.

Emma: Armer Nemo!

Wichtige Fakten:

- *Die Ozeane nehmen Kohlendioxid auf, wodurch das Wasser wärmer und saurer wird.*
- *Fische können ihre Fähigkeit verlieren, Gefahren zu spüren und ihr Zuhause zu finden, während Muscheln, die Tiere wie Austern und Venusmuscheln beherbergen, auseinanderfallen und die Tiere verletzen können.*

Vokabular

(die) feuchtesten Orte the most humid areas
(der) Schellfisch haddock
(die) Frittenbuden chip shop
(die) Säure acid
zerfrisst (zerfressen) to eat away
(die) Schalen shells
beherbergen to be home to
auseinanderfallen to fall apart

Bibliografie

Fischetti, M. (2012, September 27). *Ocean acidification can mess with a fish's mind*. Scientific American. https://www.scientificamerican.com/article/ocean-acidification-can-m/.

NOAA. (n.d.). *Ocean acidification*. https://www.noaa.gov/education/resource-collections/ocean-coasts-education-resources/ocean-acidification.

The Ocean Portal Team. (n.d.). *Ocean acidification*. The Schmiedsonian. https://ocean.si.edu/ocean-life/invertebrates/ocean-acidification.

Sherwood, H. (2019, August 18). Where did all the cod go? Fishing crisis in the North Sea. *The Guardian*. https://www.theguardian.com/business/2019/aug/18/where-did-all-the-cod-go-fish-chips-north-sea-sustainable-stocks.

Yong, E. (2009, February 2). *Losing Nemo: acid oceans prevent baby clownfish from finding home*. National Geographic. https://www.nationalgeographic.com/science/phenomena/2009/02/02/losing-nemo-acid-oceans-prevent-baby-clownfish-from-finding-home/.

KAPITEL 13: WIR SIND ALLE MITEINANDER VERBUNDEN: DIE NAHRUNGSKETTE

Maria blättert in dem Buch Alles nass: Leben im Ozean. Sie sucht nach einem Bild.

Maria: Es ist 8:25 Uhr. Fünf Minuten bis zum Unterricht! Es gibt noch eine Sache, über die ich sprechen möchte, bevor der Unterricht beginnt.

Emma: Ich kenne das Bild! Herr Dachinger hat es uns letztes Jahr gezeigt. Wir lernten damals etwas über die Nahrungskette.

Abdul: Ich erinnere mich auch! Die Nahrungskette ist die Geschichte, wie Tiere und Pflanzen sich gegenseitig auffressen. Man nennt sie *Nahrungskette*, weil jedes Tier und jede Pflanze ein Teil der Kette ist. Jedes Teil ist miteinander verbunden!

Maria: Du hast recht, Abdul! Dieses Bild zeigt eine Nahrungskette in unseren Ozeanen.

Emma: Was sind das für hässliche kleine Dinger?

Maria: Ha ha - sie sehen wirklich seltsam aus! Das sind winzige Lebewesen, wie Bakterien. Sie sind für uns unsichtbar, aber es gibt viele von ihnen in unserem Wasser.

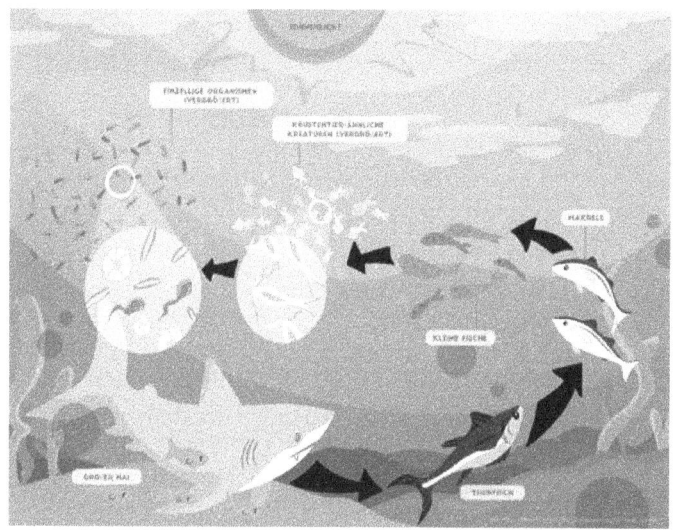

Bild erstellt von Jeffie Jasmine für Olly Richards Publishing, Daten aus der Encyclopaedia Britannica

Emma: Also so ähnlich wie die Fischflocken, mit denen wir die Fische im Aquarium im Schulbüro füttern?
Maria: Ja, so ähnlich!

Abdul: Ich dachte, wir Menschen stünden an der Spitze der Nahrungskette?

Maria: Von allen Nahrungsketten auf der Erde, ja. Aber es gibt überall auf der Welt kleinere Nahrungsketten. Was ist mit dem Grasland in Afrika? Welches Tier steht dort an der Spitze der Nahrungskette?

Abdul: Der Löwe!

Maria: Du hast es erraten!

Emma: Frau Kuster, ist es wahr, dass die Kette reißen kann?

Maria: Ja, Emma, das kann sie. Wenn eine Pflanze oder ein Tier in der Kette weggenommen wird, dann ist die Nahrungskette unterbrochen.

Emma: Wie kann das sein, Frau Kuster?

Maria: Eine sehr gute Frage, Emma. Lass uns das Bild benutzen, um es herauszufinden. Siehst du die Makrele hier? Was würde passieren, wenn die Fischer alle Makrelen fangen würden?

Emma: Die Thunfische hätten nichts mehr zu fressen. Also würden sie sterben oder woanders hinziehen.

Abdul: Und dann hätten die Haie nichts mehr zu fressen!

Maria: Gut erkannt, ihr zwei.

Abdul: Das ist die Glocke!

Maria: Zeit für den Unterricht! Emma und Abdul, vergesst nicht, Schneeball zu füttern, bevor ihr euch hinsetzt. Und danke für das tolle Gespräch über Tiere und den Klimawandel!

Emma und Abdul: Ja, Frau Kuster! Gern geschehen, Frau Kuster!

Wichtige Fakten:

- *Wenn Tiere oder Pflanzen aufgrund des Klimawandels sterben oder umgesiedelt werden, haben größere Tiere nicht mehr die wichtigen Nahrungsquellen.*
- *Auch diese größeren Tiere erleiden dadurch Bestandsverluste oder sterben.*

Vokabular

(die) Nahrungskette food chain
auffressen to eat
(die) Lebewesen creatures
unsichtbar invisible
stünden (stehen) to stand
(die) Bestandsverluste loss of numbers

Bibliografie

Cardinale, B. J., Duffy, J. E., Gonzalez, A., Hooper D. U., Perrings, C., Venail, P., Narwani, Al, Mace, G. M., Tilman, D. Wardle, D. A., Kinzig, A. P., Daily, G. C., Loreau, M., Grace, J. B., Larigauderie, A., Srivastava, D. S., & Naeem, S. (2012). Biodiversity loss and its impact on humanity. *Nature*, *486*, 59–67. https://doi.org/10.1038/nature11148.

Encyclopaedia Britannica. (n.d.). *Diatoms and other phytoplankton form the foundations of ocean food chains. Shrimplike krill consume the phytoplankton, and small fishes eat the krill. At the top of the food chain, dining on these smaller fishes, are larger, predatory fishes.* [Infographic]. In *Encyclopaedia Britannica*. Retrieved April 11, 2020 from https://www.britannica.com/science/food-chain.

Encyclopaedia Britannica. (n.d.). Food chain. In *Encyclopaedia Britannica*. Retrieved April 11, 2020 from https://www.britannica.com/science/food-chain.

Shaw, A. (n.d.). *The lion king and other myths*. BBC Earth. https://www.bbcearth.com/blog/%3Farticle%3Dking-of-the-jungle-and-other-lion-myths/.

KAPITEL 14: WAS KÖNNEN WIR TUN, UM ZU HELFEN?

Der Schultag ist vorbei. Frau Kuster bereitet sich darauf vor, nach Hause zu gehen. Emma und Abdul kommen zu ihr an den Schreibtisch.

Abdul: Frau Kuster, können wir Sie etwas fragen?

Maria: Natürlich, Abdul! Du kannst mich immer alles fragen.

Abdul: Emma und ich haben darüber nachgedacht, worüber wir heute Morgen gesprochen haben.

Emma: Über all die Tiere im Regenwald und in den Ozeanen.

Abdul: Und Wüsten!

Emma: Und Wüsten auch. Frau Kuster, wir machen uns Sorgen um sie! Wie können wir den Tieren helfen, damit sie nicht verletzt werden oder sterben?

Maria: Was für eine gute Frage! Während ihr in der Pause wart, habe ich im Internet recherchiert. Es gibt viele Möglichkeiten, wie wir den Tieren helfen können.

Abdul und Emma: Wie?!

Maria: Am wichtigsten ist es, die Gebiete zu schützen, in denen die Tiere leben. Erinnerst du dich daran, was wir heute Morgen über die Regenwälder gelernt haben, Emma?

Emma: Ja! Die Menschen holzen Teile des Regenwaldes ab.

Maria: Gutes Gedächtnis, Emma! Manche Menschen holzen die Regenwälder ab. Andere arbeiten daran, sie zu erhalten. So wie die Rainforest Alliance (auf Deutsch „Regenwald Allianz") und der Rainforest Trust (auf Deutsch „Regenwald-Stiftung"). Sie zeigen Landwirten, wie sie Lebensmittel anbauen können, ohne den Regenwald abzuholzen.

Emma: Wow!

Abdul: Aber wie können wir ihnen helfen, Frau Kuster? Wir können doch nicht in den Regenwald gehen, oder?

Maria: Ich fürchte nein, Abdul! Das wäre schön. Wir können diesen Gruppen aber Geld geben, damit sie ihre Arbeit machen können.

Emma und Abdul: Wir könnten einen Kuchenverkauf veranstalten!

Maria: Genau!

Abdul: Was ist mit den Tieren in der Wüste? Und den Fischen in den Ozeanen?

Maria: Keine Sorge, ich habe sie nicht vergessen! Der World Wildlife Fund, der WWF, schützt Tiere auf der ganzen Welt.

Vielleicht könnte auch dein Vater in den Unterricht kommen, Emma. Er könnte uns mehr darüber erzählen, wie wir die Ozeane und die Fische, die darin leben, schützen können.

Emma: Juhu! Ich werde ihn fragen, ob er heute Abend zum Essen kommen kann.

Abdul: Apropos Abendessen: Ich glaube, ich höre den Schulbus. Ich habe eine weitere Idee, um die Tiere zu schützen: Ich werde meine Mutter bitten, mir heute Abend Nudeln mit einfacher Tomatensoße zu machen! Kein Fleisch!

Emma: Ich auch!

Maria: Was für eine tolle Idee! Bis morgen, Emma und Abdul!

Emma und Abdul: Tschüss, Frau Kuster! Mach's gut, Schneeball!

Wichtige Fakten:

- *Wir können Tiere vor den Auswirkungen des Klimawandels schützen, indem wir Geld für Organisationen sammeln, die ihre Lebensräume schützen.*
- *Wir können auch mehr darauf achten, wie oft wir Fleisch und Fisch essen und woher es kommt.*

Vokabular

recherchiert (recherchieren) to research
(die) Gebiete area
(das) Gedächtnis memory
veranstalten to organise
(die) Lebensräume habitats

Bibliografie

Benson, M. H. (2011, September). 5 simple things you can do for the ocean. Schmiedsonian Ocean. https://ocean.si.edu/conservation/climate-change/5-simple-things-you-can-do-ocean.

Marine Conservation Society. (n.d.). Good fish guide: your guide to sustainable seafood. https://www.mcsuk.org/goodfishguide/search.

Rainforest Alliance. (n.d.). https://www.rainforest-alliance.org.

Rainforest Trust. (n.d.). https://www.rainforesttrust.org.

World Wildlife Fund (WWF). (n.d.). Habitats: deserts. https://www.worldwildlife.org/habitats/deserts.

TEIL VIER: ESSEN

Daniel arbeitet in seiner Hausarztpraxis. Er trifft sich mit Jane und Yoko, zwei seiner Patientinnen. Sie sind Partnerinnen.

KAPITEL 15: WIR SIND, WAS WIR ESSEN

Daniel: Guten Morgen, meine Damen! Schön, euch zu sehen.

Jane und Yoko: Guten Morgen, Herr Doktor!

Daniel: Fangen wir mit deinen Blutdruckwerten an. Wie ich sehe, hat meine Krankenschwester sie bereits gemessen. Yoko, deiner ist perfekt! 100/70!

Yoko: Wunderbar!

Daniel: Jane, dein Blutdruck ist allerdings ein bisschen hoch. 140/90.

Yoko: Das liegt an dem ganzen roten Fleisch, das du isst, Schatz!

Jane: Ich weiß, ich weiß!

Daniel: Wie oft isst du rotes Fleisch, Jane?

Jane: Oh, etwa 3-4 Mal pro Woche. Ich weiß, ich sollte es nicht tun! Aber ich liebe mein Steak wirklich.

Yoko: Aber es ist so teuer! Und ungesund ist es auch noch. Sagen Sie es ihr, Dr. Peier! Sie wird nicht auf mich hören.

Daniel: Yoko, isst du weniger rotes Fleisch als Jane?

Yoko: Ja, viel weniger. Ich bin Japanerin. Auf unserem Speiseplan stehen viel mehr Reis, Fisch und Gemüse als rotes Fleisch. Bei deiner deutschen Ernährung dreht sich alles um Fleisch und Kartoffeln!

Daniel: Ha ha - das stimmt, Yoko! Jane, ich möchte, dass du deine Ernährung umstellst. Zu viel rotes Fleisch kann Herzkrankheiten verursachen. Yoko und ich wollen, dass du noch lange gesund bleibst.

Jane: Ich weiß. Du hast recht. Aber es ist schwer. Steak schmeckt so gut!

Daniel: Könntest du nur eine Mahlzeit ändern? An einem Abend Huhn oder Fisch statt Steak essen?

Yoko: Natürlich kann sie das. Stimmt's, Schatz?

Jane: Na ja . . . okay! Ich werde es heute Abend nach unserem Treffen tun. Ich werde heute Abend im Biergarten Backfisch und Pommes statt Steak und Klöße bestellen.

Daniel: Das ist eine tolle Idee! Welches Treffen?

Jane: Das Treffen meines Umweltclubs. Wir gehen in die örtlichen Schulen und sprechen mit den Schülern über den Schutz unseres Planeten.

Daniel: Oh! Ich lerne gerade selbst viel über den Klimawandel. Wusstest du, dass die Aufzucht von Kühen viel mehr Treibhausgase erzeugt als der Anbau von Gemüse?

Jane: Oh, mein Gott! Ich hatte keine Ahnung, dass es so schlimm ist! Heute gibt es auf jeden Fall Backfisch und Pommes zum Abendessen!

Yoko: Wissen Sie, Dr. Peier, man sagt, dass der Weg zum Herzen eines Mannes durch seinen Magen führt. Aber der Weg zum Magen von Jane führt durch die Umwelt!

Daniel und Jane: Ha ha!

Wichtiger Fakt:

- *Unsere Ernährung beeinflusst nicht nur unsere individuelle Gesundheit, sondern auch die Gesundheit unseres Planeten.*

Vokabular

(die) **Blutdruckwerte** blood pressure readings
(die) **Ernährung** alimentation
umstellst (umstellen) to change
(die) **Aufzucht** rearing
(der) **Anbau** cultivation

Bibliografie

Orlich, M. J., Singh, P. N., Sabaté, J., Jaceldo-Siegl, K., Fan, J., Knutsen, S., Beeson, W. L., & Fraser, G. E.. (2013). Vegetarian dietary patterns and mortality in Adventist health study 2. *JAMA Internal Medicine,173*(13), 1230-38. https://doi.org/10.1001/jamainternmed.2013.6473.

Schmied, C. (2014, November 15). *New research says plant-based diet best for planet and people.* Our World. https://ourworld.unu.edu/en/new-research-says-plant-based-diet-best-for-planet-and-people.

Tilman, D. & Clark, M. (2014.) Global diets link environmental sustainability and human health. *Nature, 515*, 518-22. https://doi.org/10.1038/nature13959.

Waite, R., Searchinger, T., &Raganathan, J. (2019, April 8). *6 pressing questionsabout beef and climate change, answered.* World Resources Institute. https://www.wri.org/blog/2019/04/6-pressing-questions-about-beef-and-climate-change-answered.

KAPITEL 16: WAS KÖNNEN WIR NOCH ESSEN, WENN WIR KEIN FLEISCH ESSEN?

Jane hat noch ein paar Fragen an Daniel, wie sie sich besser ernähren kann – für sich selbst und für unseren Planeten.

Jane: Dr. Peier, was ist mit den Nährstoffen? Lebensmittel werden in Kohlenhydrate, Fette und Eiweiß eingeteilt, richtig?

Daniel: Richtig.

Jane: Kohlenhydrate sind Zucker. Obst und Gemüse sind voll von Kohlenhydraten.

Daniel: Ja!

Yoko: Nüsse und öliger Fisch wie Lachs sind gesunde Fette. Stimmt's, Dr. Peier?

Daniel: Genau!

Jane: Das meiste Eiweiß stammt jedoch aus Fleisch.

Daniel: Eigentlich kannst du Eiweiß aus vielen Lebensmitteln bekommen.

Jane: Wirklich?

Daniel: Auf jeden Fall! Ein Lebensmittel mit viel Eiweiß sind Sojabohnen. Eine halbe Tasse Sojabohnen enthält 9 Gramm Eiweiß!

Jane: Ist Soja nicht schlecht für die Umwelt? Aus diesem Grund bin ich von Soja- auf Mandelmilch umgestiegen.

Daniel: Tatsächlich fanden Wissenschaftler heraus, dass Sojamilch viel besser für den Planeten ist als Kuh-, Mandel-, Reis- *und* Kokosmilch!

Jane: Wow! Das ist eine Erleichterung! Und was ist mit Soja und Gesundheit? Ich habe gelesen, dass es mit Brustkrebs in Verbindung gebracht werden kann.

Daniel: Nur, wenn du tonnenweise Tofu isst. Ich würde vorschlagen, mit einfachem Tofu zu kochen oder Sojabohnen ab und zu als Snack zu essen. Soja-„Fleisch"-Produkte und Sojamilch verbrauchen viel Waldfläche und viel Wasser und sind daher nicht gerade umweltfreundlich.

Yoko: Wirklich? Das wusste ich gar nicht! In Japan essen wir gerne Sojabohnen als Snack.

Daniel: Auch Eiweiß und Bohnen enthalten viel Eiweiß. Das gilt auch für Huhn. Es hat sogar mehr Eiweiß pro Gramm als Rindfleisch!

Yoko: Du musst also nicht unbedingt rotes Fleisch essen, um alle Proteine zu bekommen, die du brauchst, Jane!

Jane: Das ist gut zu wissen! Vielen Dank, Dr. Peier!

Daniel: Natürlich, Jane! Meine Aufgabe ist es, dir zu helfen, gesunde Entscheidungen zu treffen.

Jane: Und diese Entscheidungen sind auch noch gesund für die Umwelt!

Daniel: Ganz genau! Du kannst dich gut fühlen, indem du Gutes tust. Hier ist ein hilfreiches Bild dafür, was du bei jeder Mahlzeit auf deinem Teller haben solltest. Sieh es dir an!

Bild erstellt von Jeffie Jasmine für Olly Richards Publishing, Daten von der EAT-Lancet Commission

Yoko: Wow! Die Hälfte des Tellers sollte also aus Gemüse und Obst bestehen?

Jane: Und nur eine winzige Menge sollte aus tierischem Eiweiß bestehen. Es wird sogar pflanzliches Eiweiß aufgeführt!

Daniel: Gut erkannt, Jane!

> *Wichtige Fakten:*
>
> - *Wir müssen nicht viel Fleisch essen, um genug Nährstoffe zu bekommen.*
> - *Wir können sogar genug Eiweiß bekommen, wenn wir Lebensmittel wie Bohnen und Eier essen.*

Vokabular

(die) Nährstoffe nutrients
(die) Kohlenhydrate carbohydrates
(das) Eiweiß protein
(die) Sojabohnen soybeans
umgestiegen (umsteigen) to change
(der) Brustkrebs breast cancer

Bibliografie

Cleveland Clinic. (2019, November 19). *8 high-protein foods to reach for (dietician approved)*. https://health.clevelandclinic.org/8-high-protein-foods-to-reach-for-dietitian-approved/.

The EAT-*Lancet* Commission. (n.d.). *A planetary health plate should consist by volume of approximately half a plate of vegetables and fruits; the other half, displayed by contribution to calories, should consist of primarily whole grains, plant protein sources, unsaturated plant oils, and (optionally) modest amounts of animal sources of protein* [Infographic]. In *Food planet health: healthy diets from sustainable food systems. Summary report of the EAT-Lancet Commission*. https://eatforum.org/content/uploads/2019/07/EAT-Lancet_Commission_Summary_Report.pdf.

Kim, T.-K., Yong, H. I., Kim, Y. B., Kim, H.-W., & Choi, Y.-S. (2019). Edible insects as a protein source: a review of public perception, processing technology, and research trends. *Food Science of Animal Resources*, *39*(4), 521-40. https://doi.org/10.5851/kosfa.2019.e53

Mayo Clinic. (2019, February 1). *Dietary fats: know which type to choose.* https://www.mayoclinic.org/healthy-lifestyle/nutrition-and-healthy-eating/in-depth/fat/art-20045550.

McGivney, A. (2020, January 29). Almonds are out. Dairy is a disaster. So what milk should we drink? *The Guardian.*https://www.theguardian.com/environment/2020/jan/28/what-plant-milk-should-i-drink-almond-killing-bees-aoe.

Pendick, D. (2015, June 18). *How much protein do you need every day?* Harvard Health Blog. https://www.health.harvard.edu/blog/how-much-protein-do-you-need-every-day-201506188096.

Poore, J. &Nemecek, T. (2018). Reducing food's environmental impacts through producers and consumers. *Science, 360*(6392), 987-92. https://doi.org/10.1126/science.aaq0216.

Union of Concerned Scientists. (2015, October 9). *Soybeans.* https://www.ucsusa.org/resources/soybeans.

Wells, J. & Al-Ali, F. (2020, February 14). *How entrepreneurs are persuading Americans to eat bug protein.* CNBC. https://www.cnbc.com/2020/02/14/bug-protein-how-entrepreneurs-are-persuading-americans-to-eat-insects.html.

Zeratsky, K. (2020, April 8). *Will eating soy increase my risk of breast cancer?*The Mayo Clinic. https://www.mayoclinic.org/healthy-lifestyle/nutrition-and-healthy-eating/expert-answers/soy-breast-cancer-risk/faq-20120377.

KAPITEL 17: VEGETARIER, VEGANER UND FLEXITARIER: EINE ERNÄHRUNG FÜR JEDEN GESCHMACK!

Jane schaut immer wieder auf das Bild mit dem gesunden Teller.

Jane: Dieses Bild erinnert mich an einen Ausdruck: „Pflanzenbasierte Ernährung". Ich sehe ihn gerade oft in Zeitungen und Zeitschriften. Was bedeutet er?

Daniel: Gute Frage, Jane! Bei einer pflanzenbasierten Ernährung stammen die meisten Lebensmittel, die du isst, von Pflanzen.

Yoko: Wie Obst und Gemüse?

Daniel: Ja. Aber auch Nüsse und Samen, Öle und Körner und Bohnen.

Jane: Also, wie Vegetarier!

Daniel: Nicht ganz, Jane! Menschen, die sich pflanzlich ernähren, essen oft Fleisch. Sie essen nur sehr wenig. Vegetarier/innen hingegen essen kein Fleisch.

Yoko: Der Teller auf dem Bild ist also ein Teller für pflanzliche Ernährung.

Daniel: Ganz genau! Du musst nicht komplett auf Fleisch verzichten, um dir und dem Planeten zu helfen.

Yoko: Was ist mit unserem Freund David? Er sagt, wir sollten uns alle vegan ernähren. Was genau ist eine vegane Ernährung?

Daniel: Veganer essen keine tierischen Produkte. Kein Fleisch, kein Käse, keine Milch. Nicht einmal Honig!

Yoko: Wow! Das ist eine strenge Ernährung.

Jane: Jede Ernährung kann den Klimawandel verschlimmern. Auch eine vegane. Obst und Gemüse wird oft von anderswo nach Deutschland geflogen. Flugzeuge erzeugen eine Menge Kohlendioxid. Obst aus dem Ausland kann also schlechter für die Umwelt sein als heimisches Fleisch!

Daniel: Das ist ein weiterer guter Grund, sich pflanzlich zu ernähren, Jane. Yoko, deine japanische Ernährung ist sehr pflanzlich. Isst du überhaupt Fleisch?

Yoko: Vielleicht ein- oder zweimal im Jahr? Ich mag den Geschmack einfach nicht.

Jane: Aber sie liebt Fisch! Sie isst ihn die ganze Zeit.

Daniel: Du bist also Pescetarier: kein Fleisch zu deinen pflanzlichen Lebensmitteln, nur Fisch!

Yoko: Oh! Das ist ein gutes Wort! Ich kann es in Restaurants benutzen, wenn ich bestelle.

Jane: Bin ich also nur ein „pflanzenbasierter Esser"?

Daniel: Es gibt sogar einen Namen für diejenigen, die sich pflanzlich ernähren. Wir nennen sie Flexitarier! Denn sie ernähren sich überwiegend vegetarisch, sind aber flexibel genug, um gelegentlich Fleisch zu essen.

Jane: Flexitarier! Ich mag das!

Wichtige Fakten:

- *Es gibt viele Möglichkeiten, sich gesund und pflanzenbasiert zu ernähren und dabei etwas für die Umwelt zu tun.*
- *Flexitarier ernähren sich überwiegend pflanzlich, aber manchmal essen sie auch Fleisch.*
- *Pescetarier essen nur Tiere aus dem Meer.*
- *Vegetarier essen kein Fleisch. Sie essen jedoch Milchprodukte: Milch, Käse und Eier.*
- *Veganer essen keine tierischen Produkte.*

Vokabular

pflanzenbasierte Ernährung plant-based diet
(die) Samen seeds
(die) Körner grains
verschlimmern to worsen
heimisches Fleisch locally produced meat
überwiegend predominantly

Bibliografie

The EAT-*Lancet* Commission. (n.d.). *A planetary health plate should consist by volume of approximately half a plate of vegetables and fruits; the other half, displayed by contribution to calories, should consist of primarily whole grains, plant protein sources, unsaturated plant oils, and (optionally) modest amounts of animal sources of protein* [Infographic]. In *Food planet health: healthy diets from sustainable food systems. Summary report of the EAT-Lancet Commission*. https://eatforum.org/content/uploads/2019/07/EAT-Lancet_Commission_Summary_Report.pdf.

Gander, K. (2019, September 16). *This is the best diet to save the planet*. Newsweek. https://www.newsweek.com/best-diet-save-planet-science-1459368.

Gray, R. (2020, February 13). *Why the vegan diet is not always green*. BBC Future. https://www.bbc.com/future/article/20200211-why-the-vegan-diet-is-not-always-green.

Kim, B. F., Santo, R. E., Scatterday, A. P., Fry, J. P., Synk, C. M., Cebron, S. R., Mekonnen, . M., Hoekstra, A. Y., Pee, S., Bloem, M. W., Neff, R. A., & Nachman, K. E. (2019). Country-specific dietary shifts to mitigate climate and water crises. *Global Environmental Change*. https://doi.org/10.1016/j.gloenvcha.2019.05.010.

McManus, K. D. (2018, September 27). *What is a plant-based diet and why should you try it?* Harvard Health Blog. https://www.health.harvard.edu/blog/what-is-a-plant-based-diet-and-why-should-you-try-it-2018092614760.

KAPITEL 18: EINEN GARTEN ANLEGEN

Daniel schaut auf seine Uhr. Er hat noch andere Patienten, die auf ihn warten.

Daniel: Eine Sache noch, meine Damen. Wir haben schon viel über Ernährung gesprochen. Bevor ihr geht, sollten wir noch über Bewegung sprechen.

Jane: Oh, ja! In diesem Punkt lebe ich gesünder als du, Yoko.

Daniel: Schwimmst du immer noch dreimal pro Woche im Schwimmbad?

Jane: Ja! An den Tagen, an denen ich nicht schwimme, mache ich einen Spaziergang.

Yoko: Sie liebt Bewegung!

Daniel: Yoko, gehst du nicht gerne schwimmen oder laufen?

Yoko: Ganz und gar nicht!

Jane: Sie braucht einen *Grund*, um zu trainieren.

Daniel: Was wäre, wenn es eine Möglichkeit gäbe, Sport zu treiben, die Jane auch hilft, besser zu essen?

Yoko: Jetzt bin ich interessiert! Haben Sie eine Idee, Dr. Peier?

Daniel: Ja, das tue ich! Wie wäre es, wenn ihr euer eigenes Gemüse in einem Garten anbaut?

Jane: Yoko, das ist eine wunderbare Idee!

Daniel: Gartenarbeit ist eine gute Übung. Wenn du Gemüse und Obst anbaust, wirst du auch besser essen!

Jane: Bei unserem letzten Treffen des Umweltclubs haben wir über Gärten gesprochen. Gärten sind sehr gut für die Umwelt?

Daniel: Wie denn?

Jane: Erstens kannst du auf den Einsatz von Chemikalien im Boden verzichten. Stattdessen kannst du deine Pflanzen mit Kompost füttern.

Daniel: Was ist eigentlich Kompost? Ich denke dabei immer an Bananenschalen und Kaffeesatz.

Jane: Alles, was aus Pflanzen besteht, kann zu Kompost werden. Das gilt auch für Bananenschalen und Kaffeesatz! Du kannst auch Laub und Unkraut aus deinem Garten verwenden. Kompost ist das, was passiert, wenn Pflanzenmaterial alt wird und verrottet.

Daniel: Stinkt das nicht?

Jane: Ha ha - er riecht nicht gut, das ist wahr! Deshalb lagern viele Leute ihren Kompost draußen. Aber er ist sehr gesund für deinen Boden. Deine Pflanzen werden ihn lieben.

Yoko: Wow, Jane! Du weißt so viel über das Gärtnern!

Jane: Ich schon! Aber ich mag es nicht. Deshalb habe ich auch nie daran gedacht, es zu Hause zu machen! Aber für dich ist es perfekt.

Yoko: Danke für die Anregung, Dr. Peier!

Daniel: Gern geschehen. Aber ich muss mich auch bei dir bedanken, Jane. Jetzt, wo ich weiß, wie gut es für die Umwelt ist, will ich auch einen anbauen!

Jane: Ausgezeichnete Neuigkeiten!

Yoko: Nun, wir sollten gehen. Tschüss, Dr. Peier!

Daniel: Auf Wiedersehen, meine Damen!

Wichtiger Fakt:

- *Gärten helfen uns, uns zu bewegen, gut zu essen und die Auswirkungen des Klimawandels umzukehren.*

Vokabular

wenn es ... gäbe if there was
anbaut (anbauen) to plant
(der) Einsatz use
verzichten to do without
(der) Kaffeesatz coffee grounds
(das) Laub foliage
(das) Unkraut weeds
verrottet (verrotten) to rot
umzukehren (umkehren) to turn back

Bibliografie

Cambridge English Dictionary. (n.d.). Compost. In *Cambridge Dictionary Online.* Retrieved May 2, 2020 from https://dictionary.cambridge.org/us/dictionary/english/compost.

Fosdick, D. (2020, March 3). 'Sustainable gardening' includes many eco-friendly practices. *ABC News*. https://abcnews.go.com/Lifestyle/wireStory/sustainable-gardening-includes-eco-friendly-practices-69355658.

Lawrence, S. (n.d.). Get fit by gardening. *WebMD*. https://www.webmd.com/fitness-exercise/features/get-fit-by-gardening#1.

Missouri Botanical Garden. (n.d.). *Sustainable Gardening*. https://www.missouribotanicalgarden.org/gardens-gardening/your-garden/help-for-the-home-gardener/sustainable-gardening.aspx.

Soga, M., Gaston, K. J., & Yamaura, Y. (2017). Gardening is beneficial for health: A meta-analysis. *Preventative Medicine Reports*, *5*, 92-99. https://doi.org/10.1016/j.pmedr.2016.11.007.

Thompson, R. (2018). Gardening for health: a regular dose of gardening. *Clinical Medicine (London)*, *18*(3), 201-05. https://doi.org/10.7861/clinmedicine.18-3-201.

KAPITEL 19: TIERFARMEN: WO DU GESUNDES, GRÜNES FLEISCH FINDEST

Jane und Yoko haben Daniels Büro verlassen. Sie beschließen, bei der Metzgerei anzuhalten. Der Metzger heißt Jim. Er ist 45 Jahre alt. Sein Laden heißt Spitzenfleisch.

Jane: Guten Morgen, Jim!

Jim: Guten Morgen, Jane! Dir auch einen guten Morgen, Yoko!

Yoko: Guten Morgen, Jim! Wie geht es dir heute?

Jim: Gut, danke! Ich bin froh, dass das Wetter diese Woche etwas kühler ist.

Yoko: Ich auch!

Jim: Also, Jane! Willst du deine übliche Bestellung für diese Woche? Rinderhackfleisch, Speck und Lammkoteletts?

Jane: Heute nicht, Jim! Wir haben gerade die Praxis von Dr. Peier verlassen. Er hat mir gesagt, dass ich weniger rotes Fleisch essen soll.

Jim: Dr. Peier ist ein kluger Mann! Er ist auch mein Hausarzt. Dank ihm habe ich abgenommen und genieße trotzdem mein Fleisch!

Jane: Das tust du? Das ist fantastisch! Und wie?

Jim: Ich esse Fleisch von besserer Qualität, aber weniger davon.

Jane: Was zum Beispiel?

Jim: Erstens achte ich darauf, dass das Fleisch von Kühen stammt, die Gras und keinen Mais fressen. Dieses Fleisch ist viel gesünder. Und es schmeckt auch besser!

Yoko: Wie kann es gesünder sein, Jim?

Jim: Es hat weniger Fett als das Fleisch von Kühen, die Getreide fressen. Es hat auch mehr Vitamine! Du willst Tiere essen, die sich auf der Weide bewegen und natürliches Futter wie Gras fressen. Grasgefüttertes Rindfleisch ist absolut köstlich.

Jane: Wenn Tiere mehr Bewegung bekommen, sind sie gesünder. Das macht Sinn!

Jim: Jane, bist du nicht Mitglied im örtlichen Umweltclub?

Jane: Ja, das bin ich, Jim! Deshalb bin ich bereit, weniger Fleisch zu essen. Ich will der Umwelt helfen!

Jim: Dann solltest du einheimisches Rindfleisch wählen. Viel grasgefüttertes Rindfleisch kommt aus Australien.

Yoko: Das ganze Flugzeugbenzin kann nicht gut für die Umwelt sein!

Jim: Nein! Aber du hast Glück. Mein bestes Rindfleisch kommt von einer Farm nur 40 km von hier. Ich glaube, dieses Steak wäre die perfekte Portion für dich, Jane.

Jane: Wow! Das sieht köstlich aus!

Jim: Finde ich auch! Es ist derselbe Preis wie deine normale wöchentliche Bestellung. Aber die Qualität ist viel besser. Und der Geschmack ist es auch!

Jane: Dann packe es ein, Jim. Ich werde es dieses Wochenende grillen!

Yoko: Vielleicht probiere ich sogar einen Bissen, es sieht so gut aus!

Wichtige Fakten:

- *Der Kauf von lokalem, grasgefüttertem Fleisch ist gesünder für dich und den Planeten.*
- *Es kann mehr kosten, also kaufe weniger, um bessere Qualität zu haben.*

Vokabular

übliche usual
(das) Getreide grain
grasgefüttertem gras-fed

Bibliografie

Daley, C. A., Abbott, A., Doyle, P. S., Nader, G. A., & Larson, S. (2010). A review of fatty acid profiles and antioxidant content in grass-fed and grain-fed beef. *Nutrition journal*, *9*, 10. https://doi.org/10.1186/1475-2891-9-10.

Matsumoto, N. (2019, August 13). *Is grass-fed beef really better for the planet? Here's the science*. NPR. https://www.npr.org/sections/thesalt/2019/08/13/746576239/is-grass-fed-beef-really-better-for-the-planet-heres-the-science.

Stanley, P. L., Rowntree, J. E., Beede, D. K., DeLonge, M. S., & Hamm, M. W. (2018). Impacts of soil carbon sequestration on life cycle greenhouse gas emissions in Midwestern USA beef finishing systems. *Agricultural Systems*, *162*, 249-58. https://doi.org/10.1016/j.agsy.2018.02.003.

KAPITEL 20: KONVENTIONELLE LANDWIRTSCHAFT

Jim wickelt Janes Steak aus Weidehaltung ein. Jane holt ihr Portemonnaie heraus, um zu bezahlen.

Jim: Jane, wann ist das nächste Treffen deines Umweltclubs?

Jane: Nächsten Freitag. Wir treffen uns aber heute Abend zum Abendessen und Quiz im Biergarten. Warum?

Jim: Ich lerne gerade etwas über den Klimawandel. In der Zeitung stehen viele Artikel zu diesem Thema. Vielleicht komme ich zu einem eurer Treffen, um noch mehr zu erfahren.

Jane: Wir würden uns freuen, dich dort zu sehen! Du kannst dem Club erzählen, was du mir über lokale Bauernhöfe und nachhaltiges Fleisch erzählt hast.

Yoko: Das ist eine tolle Idee, Schatz! Jim, hast du in diesen Artikeln etwas über gesundes Fleisch gelernt?

Jim: Ein bisschen wusste ich schon. Für meinen Job muss ich viel über Fleisch wissen! Aber ja, ich habe noch mehr gelernt.

Yoko: Was hast du noch aus den Artikeln gelernt?

Jim: Im letzten Artikel ging es um Landwirtschaft und Treibhausgase. Ich habe eine Menge gelernt! Weißt du, wie viele Treibhausgase große Farmen jedes Jahr erzeugen?

Jane und Yoko: Nein, wie viel?

Jim: 10 - 20 % des gesamten Treibhausgases jedes Jahr!

Yoko: Wow! Wie kann die Landwirtschaft so viel Kohlendioxid erzeugen?

Jim: Es ist nur eine Art der Landwirtschaft, die so schädlich ist. Wenn Felder immer wieder mit denselben Pflanzen bepflanzt werden, verliert der Boden seine Gesundheit.

Jane: Ja. Pflanzen nehmen Kohlendioxid aus der Luft auf. Ein gesunder Boden nimmt nach dem Absterben der Pflanzen den Kohlenstoff aus ihnen auf. Zu viel Landwirtschaft unterbricht diesen Prozess. So wird der Kohlenstoff im Boden als Kohlendioxid wieder in die Luft freigesetzt.

Yoko: Wow! Das habe ich nicht gewusst.

Jim: Die Landwirte setzen dem ungesunden Boden auch Chemikalien zu, um ihn gesund zu machen. Diese Chemikalien können in das Grundwasser gelangen. Dann ist das Wasser nicht mehr trinkbar.

Yoko: Gibt es eine Möglichkeit, Landwirtschaft zu betreiben, die gesünder für uns und unseren Planeten ist?

Jim: Genau das will ich wissen, Jane!

Jane: Sicher! Biobetriebe verwenden keine Chemikalien

in ihrem Boden. Diese Betriebe sind in der Regel klein. Sie sind im Besitz einer Familie und nicht eines Unternehmens.

Yoko: Du meinst, wie die Bauernhöfe, die uns jede Woche Gemüse auf dem Bauernmarkt verkaufen?

Jane: Genau!

Yoko: Ich sollte also dafür sorgen, dass in unserem Garten viele Gemüsesorten wachsen. Ich sollte auch keine Chemikalien in den Boden geben.

Jim: Du baust einen Gemüsegarten an? Was für eine tolle Idee!

Jane: Ja! Der Spinat, den wir anbauen, wird köstlich zu meinem wöchentlichen Steak schmecken!

Yoko: Jim, wir sollten jetzt gehen. Danke für das Steak - und das Gespräch!

Jim: Tschüss, meine Damen! Habt einen schönen Nachmittag!

Yoko und Jane: Tschüss!

Wichtige Fakten:

- *Große Farmen können eine Menge Treibhausgase erzeugen.*
- *Das passiert, wenn sie zum Beispiel jedes Jahr die gleichen Pflanzen anbauen und Chemikalien in den Boden geben.*
- *Biobetriebe sind gesünder für den Planeten und für unsere Ernährung.*

Vokabular

(die) Landwirtschaft agriculture
(die) Weidehaltung grazing
nachhaltiges Fleisch sustainable meat
(der) Kohlenstoff carbon
freigesetzt (freisetzen) release
(das) Grundwasser groundwater

Bibliografie

Project Drawdown. (n.d.). *Regenerative Annual Cropping.* https://www.drawdown.org/solutions/regenerative-annual-cropping.

Rodale Institute. (n.d.). *Organic v. Conventional farming.* https://rodaleinstitute.org/why-organic/organic-basics/organic-vs-conventional/.

Russell, S. (2014, May 29). *Everything you need to know about agricultural emissions.* World Resources Institute. https://www.wri.org/blog/2014/05/everything-you-need-know-about-agricultural-emissions.

TEIL FÜNF: ENERGIE

Heidi ist diese Woche in Friesland. Sie ist dort, um sich für ihre Artikel über den Klimawandel über Energie zu informieren. Sie macht einen Spaziergang auf einem Küstenpfad. Es ist ein heller, sonniger Tag. Ein Jugendlicher und ein alter Mann kommen ihr entgegen.

KAPITEL 21: LASS DIE SONNE REIN!

Heidi: Hallo, ihr da! Mein Name ist Heidi.

David: Hallo! Ich bin David, und das ist mein Großvater, Tom.

Tom: Hallo zusammen!

Heidi: Ein schöner Tag, nicht wahr? Es gibt keine einzige Wolke am Himmel.

Tom: Wunderschön! Dank der kühlen Brise von der Nordsee ist es nicht zu heiß.

David: Du kommst nicht aus der Gegend, oder?

Heidi: Nein. Ich lebe in Berlin. Ich bin zu Forschungszwecken hier. Ich schreibe einen Artikel über saubere Energie.

David: Saubere Energie? Ich glaube, ich weiß, was das bedeutet. Das ist Energie aus Quellen wie Sonne und Wind. Sie sind sauber, weil sie die Luft nicht verschmutzen.

Heidi: Ja, genau! Dieses Gebiet wäre ein großartiger Ort für einen Solarpark.

Tom: Was ist ein Solarpark?

David: Es ist ein Ort mit vielen Sonnenkollektoren, Opa. Die Paneele absorbieren das Sonnenlicht und wandeln es in Strom um.

Heidi: Wow! Du weißt eine Menge über Solarenergie, David.

David: In meinem Naturwissenschaftsunterricht lernen wir etwas über saubere—oder grüne—Energie.

Tom: Aber warum heißt es eigentlich Park? Parks sind doch für Blumen und Bäume da! Ich muss es wissen: Ich war Gärtner!

David: Die Zeiten ändern sich, Großvater! Ich kann es erklären. Die Blumen und Bäume im Park benötigen Sonnenlicht, um zu wachsen.

Tom: Ja. Bäume und Blumen wandeln Sonnenlicht in Energie um.

David: Nun, Solarparks tun genau dasselbe. Sie wandeln das Licht in Energie, also in Strom um.

Heidi: Das ist eine tolle Erklärung, David! Darf ich sie für meinen nächsten Artikel über Solarenergie verwenden? Ich werde deinen Namen erwähnen.

David: Klar! Das ist großartig—danke!

Tom: Gut gemacht, Enkelsohn! Aber sag mir eins: Wie funktionieren Solarparks?

David: Es ist ein bisschen kompliziert. Man muss eine Menge über elektrische Ströme wissen, um es zu verstehen. Was einfach ist, ist, wie gut Solarenergie für unseren Planeten ist. Sie ist viel umweltfreundlicher und sauberer als fossile Brennstoffe.

Heidi: Ja! Die Verbrennung fossiler Brennstoffe verursacht Umweltverschmutzung und Treibhausgase. Wir verbrennen kein Sonnenlicht, also entstehen auch keine dieser schädlichen Dinge.

Tom: Ich bin ein alter Mann mit kleinem Budget. Kann ich mir Solarstrom leisten?

David: Auf jeden Fall, Opa! Solarenergie ist oft genauso günstig oder sogar günstiger als Energie aus fossilen Brennstoffen.

Tom: Aha! Ich habe letzte Woche einen Flyer über Solarenergie in meinem Briefkasten gehabt. Vielleicht rufst du mal bei der Stromgesellschaft an. Sie können die Paneele auf meinem Dach installieren.

David: Natürlich, Großvater!

Foto von American Public Power Association auf Unsplash

Tom: Ich habe noch eine Frage. Sind die Solarparks genauso groß und hässlich wie die hässlichen Windmühlen dort drüben?

David: Opa! Diese Windparks sind wichtig!

Heidi: Solarparks können sehr viel Platz beanspruchen. Die Paneele sind jedoch flach und nicht sehr hoch. Deshalb kann man sie aus der Ferne nicht so gut sehen.

Tom: Na, das ist ja eine Erleichterung!

David und Heidi: Ha ha ha!

Wichtige Fakten:

- *Solarenergie ist eine der billigsten und saubersten grünen Energiequellen.*
- *Sie funktioniert, indem sie das Licht und die Wärme der Sonne absorbiert und in Strom umwandelt.*

Vokabular

(der) Küstenpfad coastal path
(die) Brise breeze
zu Forschungszwecken research purposes
(die) Paneele paneling
(der) Solarstrom solar energy
(die) Windmühlen windmills
(die) Erleichterung relief

Bibliografie

American Public Power Association. (n.d.). [Solar panels on green field] [Photograph] Unsplash. https://unsplash.com/photos/513dBrMJ_5w.

Project Drawdown. (n.d.). *Utility-scale solar photovoltaics*. https://drawdown.org/solutions/utility-scale-solar-photovoltaics.

Dudley, D. (2018, January 13). *Renewable energy will be consistently cheaper than fossil fuels by 2020, report claims*. Forbes. https://www.forbes.com/sites/dominicdudley/2018/01/13/renewable-energy-cost-effective-fossil-fuels-2020/?sh=cd219014ff2e.

International Renewable Energy Agency (IRENA). (2019), *Renewable Power Generation Costs in 2018*. https://www.irena.org/-/media/Files/IRENA/Agency/Publication/2019/May/IRENA_Renewable-Power-Generations-Costs-in-2018.pdf.

Masson, V., Bonhomme, M., Salagnac, J.-L., Briottet, X., &Lemonsu, A. (2014). Solar panels reduce both global warming and urban heat island. *Environmental Science, 2*(14). https://doi.org/10.3389/fenvs.2014.00014.

Schmalensee, R., *et al*. (2015). *The future of solar energy: an interdisciplinary MIT study*. http://energy.mit.edu/wp-content/uploads/2015/05/MITEI-The-Future-of-Solar-Energy.pdf.

U.S. Energy Information Administration. (n.d.). *Renewable solar*. Energy Kids. https://www.eia.gov/kids/energy-sources/solar/.

KAPITEL 22: IM WINDE VERWEHEN

Ein Windstoß weht plötzlich Toms Hut vom Kopf. Der Hut landet in der Nähe. Heidi hebt ihn auf und gibt ihn Tom zurück.

Heidi: Hui! Der Wind hat an Geschwindigkeit zugelegt! Hier ist Ihr Hut, Herr ...

Tom: Du kannst mich einfach Tom nennen. Und danke, dass du meinen Hut gerettet hast.

Heidi: Gern geschehen!

David: Opa, ich mag es irgendwie, wie die Windräder aussehen. Sie sind groß, dünn und weiß.

Tom: Windräder? Das sind keine Windmühlen?

David: Nein. Windmühlen erzeugen keinen Strom. Deshalb gab es Windmühlen auch schon vor der Elektrizität. Die Flügel der Windräder sind mit Generatoren verbunden. Generatoren sind Maschinen, welche die Energie, die wir durch Bewegung erhalten, in elektrische Energie umwandeln. Wenn sich die Flügel drehen, nutzen die Generatoren diese Energie, um Strom zu erzeugen.

Tom: Hm. Nun, diese Windräder, wie du sie nennst, sehen viel schlimmer aus als alte Windmühlen. Und töten sie nicht eine Menge Vögel? Ich glaube, das habe ich irgendwo gelesen.

Heidi: Tatsächlich tötet die Windkraft viel weniger Vögel als andere Dinge!

Tom: Was zum Beispiel?

Heidi: Weit mehr Vögel sterben jedes Jahr, wenn sie in Gebäude fliegen. Aber die größten Vogelmörder auf der ganzen Welt sind ... Katzen.

Tom: Katzen!

David: Flauschball und Tiger sind Vogelmörder! Ich kann den Gedanken nicht ertragen!

Tom: Das ist der Kreislauf des Lebens, Junge. Katzen müssen Katzen sein. Das beruhigt mich, was diese ... Windräder angeht, wie du sie nennst.

Heidi: Du kannst es einfach Windpark nennen!

Foto von Johanna Montoya auf Unsplash

Tom: Und sind diese Windparks so billig wie Solarparks?

Heidi: Wind kann sogar noch billiger sein als Solar!

Tom: Zuerst haben wir Solarparks. Jetzt haben wir Windparks. Wo werden wir als Nächstes bauen, im Wasser?

Heidi: Ja! Es werden immer mehr Windparks im Meer gebaut. Wir nennen sie Offshore-Windparks.

David: Das dort muss also ein Onshore-Windpark sein. Ist das richtig?

Heidi: Ganz genau, David!

Tom: Du willst mir also sagen, dass ich bald aufs Meer hinausblicken und nichts als diese Windräder sehen werde?!

David: Opa, was ist dir wichtiger? Deine Aussicht oder meine Zukunft?

Tom: Sieh dich an—so klug für dein Alter. Viel schlauer als ich es war. Er ist ein guter Junge, findest du nicht auch, Heidi?

Heidi: Das tue ich in der Tat!

Wichtige Fakten:

- *Windenergie ist eine weitere günstige und saubere Energiequelle.*
- *Windparks befinden sich an Land und vor der Küste im Meer.*

Vokabular

(der) Windstoß gust of wind
(die) Windräder pinwheels
(die) Flügel wings
(der) Kreislauf des Lebens circle of life
(die) Aussicht view

Bibliografie

Fares, R. (2017, August 28). *Wind energy is one of the cheapest sources of electricity, and it's getting cheaper*. Scientific American. https://blogs.scientificamerican.com/plugged-in/wind-energy-is-one-of-the-cheapest-sources-of-electricity-and-its-getting-cheaper/.

Lavric, E., Pattison, S., Richardson, H., & Wood, C. (n.d.). *Renewables comparison: wind v. solar energy* [PowerPoint slides]. Retrieved April 28, 2020 from https://icap.sustainability.illinois.edu/files/projectupdate/4045/wind%20vs%20solar.pdf.

Loss, S. L., Will, T., &Marra, P. P. (2013). Estimates of bird collision mortality at wind facilities in the contiguous United States. *Biological Conservation*, *168*, 201-09. https://doi.org/10.1016/j.biocon.2013.10.007.

Loss, S. L., Will, T., Loss, S. S., &Marra, P. P. (2014). Bird–building collisions in the United States: Estimates of annual mortality and species vulnerability. *The Condor: Ornithological Applications*, *116*(1), 8-23. https://doi.org/10.1650/CONDOR-13-090.1

Montoya, J. (n.d.). [Wind turbines on grass field] [Photograph] Unsplash. https://unsplash.com/photos/OZ-r0tEnW6M.

Office of Energy Efficiency & Renewable Energy. (n.d.). *History of U.S. Wind Energy*. U. S. Department of Energy. https://www.energy.gov/eere/wind/history-us-wind-energy.

Thaxter, C. B., Buchanan, G. M., Carr, J., Butchart, S. H. M., Newbold, T., Green, R. E., Tobias, J. A., Foden, W. B., O'Brien, S., & Pearce-Higgins, J. W. (2017). Bird and bat species' global vulnerability to collision mortality at wind farms revealed through a trait-based assessment. *Proceedings of the Royal Society B: Biological Sciences*, *284*(1862), 20170829. http://dx.doi.org/10.1098/rspb.2017.0829.

KAPITEL 23: DIE ATOMKRAFT

Tom, David und Heidi diskutieren weiter über alternative Energiequellen.

Tom: Eines weiß ich mit Sicherheit. Wind- und Solarenergie sind beide sicherer als Atomkraft. Als ich jünger war, war das die am meisten verbreitete saubere Energie.

Heidi: Da hast du recht, Tom! Atomkraft kann sehr sicher sein. Fast 450 Atomkraftwerke produzieren derzeit Strom in mehr als 50 Ländern. Aber wenn etwas schiefgeht, kann die Atomkraft sehr gefährlich sein.

Foto von Ajay Pal Singh Atwal auf Unsplash

David: Ich wusste nicht, dass es so viele Atomkraftwerke gibt!

Heidi: Ja. 10 % des gesamten Stroms auf der Welt kommt aus der Atomkraft. Frankreich allein bezieht fast 75 % seines Stroms aus Atomkraft. Sogar in den Vereinigten Staaten werden 20 % des Stroms aus Atomkraft gewonnen.

Tom: Aber die Atomkraft ist so gefährlich! Denk an die Katastrophe in Tschernobyl im Jahr 1986!

David: Aber das war vor über 30 Jahren, Opa! Ich bin sicher, dass sich die Technologie verbessert hat.

Heidi: Ihr habt beide recht. Atomreaktoren sind heute viel sicherer als 1986. Sie kosten auch viel mehr: 4 bis 8 Mal so viel. Aber egal, wie viel sicherer sie sind, eine Katastrophe verursacht viele Probleme.

Tom: Wie bei dem Erdbeben in Japan im Jahr 2011! Es verursachte einen Tsunami. Das Wasser überschwemmte ein Atomkraftwerk, und radioaktives Material wurde freigesetzt. Die Menschen, die in diesem Gebiet lebten, konnten erst 2019 nach Hause zurückkehren. Das ist acht Jahre später. Viele Menschen können immer noch nicht in diesem Gebiet leben.

David: Oh, das ist ja furchtbar. Ich wäre so traurig, wenn ich mein Zuhause verlassen müsste.

Heidi: Das wäre ich auch. Deshalb schließt sogar Frankreich einige Kraftwerke. Dort hat es noch nie einen Unfall gegeben. Aber ein einziger Unfall kann Schäden verursachen, die jahrelang andauern.

David: Die Menschen können immer noch nicht in der Nähe von Tschernobyl leben, oder?

Heidi: Richtig. Es gibt ein fast 50 Kilometer breites Gebiet um das Werk, in dem niemand leben darf. Die Menschen arbeiten aber immer noch dort.

David und Tom: Wirklich?!

Heidi: Ja. Die Reaktoren, die 1986 nicht zerstört wurden, produzierten bis 2000 Strom. Seitdem haben die Arbeiter die Anlagen sicher geschlossen. Die Arbeiter bleiben sicher, indem sie nur für kurze Zeit dort arbeiten.

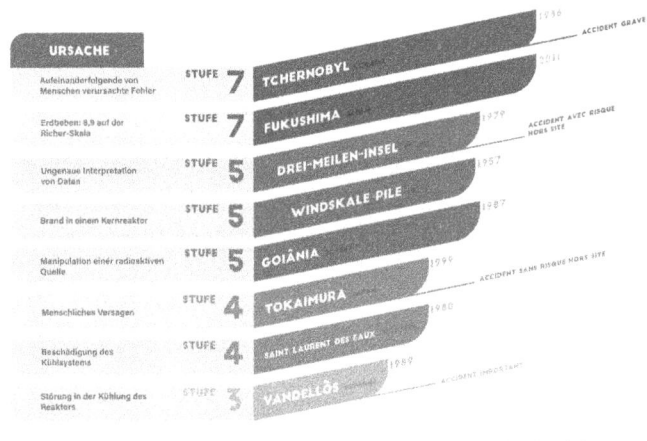

Bild erstellt von Jeffie Jasmine für Olly Richards Publishing, Daten von HispanTV

Tom: Die Gefahr ist die Strahlung. Strahlung ist in kleinen Mengen ungefährlich - wie bei Röntgenstrahlen. Zu viel Strahlung schädigt unsere Zellen. Sie kann uns sofort vergiften, und wir können bald sterben.

Sie kann aber auch Jahre später Krebs und andere Gesundheitsprobleme verursachen, wenn du der Strahlung über einen langen Zeitraum ausgesetzt bist.

David: Aber bekommen nicht einige Menschen eine Strahlenbehandlung gegen Krebs?

Tom: Ja—deine Oma hatte eine Strahlenbehandlung für ihren Brustkrebs. Aber diese Strahlenmenge ist sehr gering im Vergleich zu der Menge, die bei einer Atomkatastrophe entsteht.

Heidi: Atomkraft birgt sehr große Risiken. Aber wir produzieren noch nicht genug Wind- und Sonnenenergie, um die Atomkraft zu ersetzen. Wir sollten zuerst sicherere Arten von grüner Energie ausbauen. Dann können wir aufhören, Atomstrom zu produzieren.

Tom: Ich stimme dir zu!

Wichtige Fakten:

- *Es gibt über 450 Atomkraftwerke, die in 50 Ländern Strom produzieren.*
- *Die meiste Zeit ist Atomkraft eine sichere und saubere Energie.*
- *Jede Katastrophe ist jedoch sehr ernst. Die Menschen müssen das Gebiet verlassen und können an zu viel Strahlung sterben.*
- *Die Kernenergie hat viele Vorteile, aber auch viele Risiken.*

Vokabular

alternative Energiequellen alternative sources of energy
(die) Atomkraft nuclear power
(das) Erdbeben eathquake
überschwemmte (überschwemmen) to flood
(die) Strahlung radiation
(die) Röntgenstrahlen X-rays
vergiften to poison
birgt (bergen) to recover
(die) Kernenergie nuclear energy

Bibliografie

Atwal, A. P. S. (n.d.). [Silhouette of trees near body of water during daytime] [Photograph] Unsplash. https://unsplash.com/photos/gRdTreyRops.

Goldberg, S. M. & Rosner, R. (2011). *Nuclear reactors: generation to generation*. American Academy of Arts & Sciences. https://www.amacad.org/sites/default/files/academy/pdfs/nuclearReactors.pdf.

Little, J. B. (2019, January 16). *Fukushima residents return despite radiation*. Scientific American. https://www.scientificamerican.com/article/fukushima-residents-return-despite-radiation/.

Meyer, R. (2019, March 5). *There really, really isn't a silver bullet for climate change*. The Atlantic. https://www.theatlantic.com/science/archive/2019/03/why-nuclear-power-cannot-solve-climate-change-alone/584059/.

Project Drawdown. (n.d.). *Nuclear power*. https://www.drawdown.org/solutions/nuclear-power.

Tate, K. (2011, 25 April). *The Chernobyl nuclear disaster, 25 years ago, compared in an infographic to the Three Mile Island nuclear accident and the Fukushima Daiichi disaster in Japan* [Infographic.] Live Science. https://www.livescience.com/13858-chernobyl-nuclear-disaster-25-years.html.

U.S. Environmental Protection Agency (U.S. E.P.A.) (n.d.). *Radiation health effects*. https://www.epa.gov/radiation/radiation-health-effects.

World Nuclear Association. (2020). *Nuclear Power in the U.S.A.* https://www.world-nuclear.org/information-library/country-profiles/countries-t-z/usa-nuclear-power.aspx.

—. *Nuclear power in the world today*. https://www.world-nuclear.org/information-library/current-and-future-generation/nuclear-power-in-the-world-today.aspx.

World Nuclear News. (2014, February 19). *Decommissioning of Chernobyl units approaches*. https://world-nuclear-news.org/Articles/Decommissioning-of-Chernobyl-units-approaches.

KAPITEL 24: SO VIELE ARTEN VON ENERGIE!

Tom, David und Heidi schweigen einen Moment lang. Sie denken über die Risiken und Vorteile der Atomenergie nach. Plötzlich schaut Heidi auf ihre Uhr.

Heidi: Ich muss bald los! Ich sollte zurück nach Berlin fahren, bevor es dunkel wird. Ich habe unser Gespräch sehr genossen!

Tom und David: Wir auch!

David: Frau ...

Heidi: Nenn mich Heidi, bitte!

David: Okay, Heidi. Gibt es noch andere Arten von grüner Energie, die du kennst? Du scheinst eine Menge über saubere Energie zu wissen.

Heidi: Gute Frage, David! Ja, ich schreibe über einige Energiearten, die weniger populär sind. Zum Beispiel geothermische Energie.

Tom: Geothermisch? Da muss ich an meine Thermounterwäsche denken!

Heidi: Du hast recht, in gewisser Weise! Thermal ist ein wissenschaftliches Wort für Wärme.

David: Und „geo" bedeutet Erde, richtig? Geografie und Geologie sind Wissenschaften, welche die Erde untersuchen. Ist geothermische Energie also Wärme aus der Erde?

Heidi: Gut gemacht, David! Ich kann verstehen, warum du so stolz auf ihn bist, Tom.

Tom: Das bin ich in der Tat! Was genau ist denn nun diese geothermische Energie?

Heidi: Es ist Energie, die aus der Wärme im Inneren der Erde kommt. Die Menschen nutzen diese Energie schon seit Tausenden von Jahren. Kennst du die römischen Bäder?

Tom: Ja! Die alten Römer saßen zusammen in heißem und kaltem Wasser. Das heiße Wasser kam aus dem Untergrund.

Heidi: Ganz genau! Das Wasser ist immer verfügbar, weil die Erde im Inneren immer heiß ist.

Tom: Warum habe ich dann noch nie etwas von der Geothermie gehört?

Heidi: Die Wärme der Erde ist nicht immer nah genug am Boden, um von uns genutzt zu werden. Nur etwa 10 % der Erdoberfläche können nachhaltige geothermische Energie liefern. Das Land in der Nähe von Vulkanen zum Beispiel verfügt in der Regel über Erdwärme, die wir nutzen können.

David: Das erklärt, warum ich nicht viel über geothermische Energie weiß.

Heidi: Eine andere, neuere Art von Energie ist die Meeresenergie. Sie ist viel weiter verbreitet.

Tom: Meeresenergie? Das klingt nach Energie aus unseren Wellen und Gezeiten.

Heidi: Genau!

David: Warum haben wir dann nicht mehr Meeresenergie?

Heidi: Das Problem ist die Technologie. Es ist sehr teuer, diese Energie zu bekommen.

David: Warum?

Heidi: Salzwasser ruiniert Metallgeräte. Außerdem sind die Wellen sehr stark. Sie können Geräte umwerfen. Diese Maschinen können also leicht kaputtgehen. Es kostet eine Menge Geld, sie zu ersetzen.

David: Wenn ich groß bin, möchte ich Ingenieurin werden. Vielleicht kann ich studieren, wie man Ozeankraftwerke stärker macht!

Heidi: Ich finde, das ist eine wunderbare Idee! Ich würde dir gern meine Artikel schicken, wenn ich sie fertiggestellt habe. Wie kann ich dich kontaktieren?

David: Ich bin auf Twitter. Mein Twitter-Konto heißt @DavidWirdGruen. Ich habe den Account eingerichtet, um mitzuteilen, was ich im Kampf gegen den Klimawandel tue.

Heidi: David goes green—ich liebe es! Schön, euch beide kennenzulernen, David und Tom. Habt einen tollen Abend!

Tom und David: Du auch, Heidi! Auf Wiedersehen!

> *Wichtige Fakten:*
>
> - *Einige Arten von grüner Energie sind noch zu teuer, um verbreitet zu sein.*
> - *Dazu gehören geothermische Energie und Meeresenergie.*
> - *Geothermische Energie nutzt die Wärme unter der Erdoberfläche.*
> - *Meeresenergie nutzt die Energie, die durch die Bewegung unserer Meere entsteht.*

Vokabular

schweigen to be silent
geothermische Energie geothermal energy
(der) Untergrund underground
(die) Erdoberfläche surface of the Earth
(die) Gezeiten tide
umwerfen to overturn

Bibliografie

Levitan, D. (2014, April 28). *Why wave power has lagged far behind as energy source.* Yale e360. https://e360.yale.edu/features/why_wave_power_has_lagged_far_behind_as_energy_source.

Morris, S. (2009, 1 June). Q&A: geothermal energy. *The Guardian.* https://www.theguardian.com/environment/2009/jun/01/geothermal-energy.

Project Drawdown. (n.d.). *Geothermal power.* https://www.drawdown.org/solutions/geothermal-power.

—. (n.d.). *Ocean power.* https://drawdown.org/solutions/ocean-power.

TEIL SECHS: ABFALL

Daniel und Maria sind in ihrem Haus in Potsdam. Sie haben gerade eine Dinnerparty veranstaltet. Alle sind gegangen, bis auf Daniels Freund Tim. Tim ist zu Besuch aus Hamburg. Er bleibt über Nacht bei Daniel und Maria.

KAPITEL 25: WAS WIR ZU HAUSE WEGWERFEN

Daniel, Maria und Tim sind in der Küche und räumen nach der Party auf.

Tim: Es war eine wunderbare Dinnerparty, ihr zwei! Danke, dass ihr mich eingeladen habt.

Daniel: Ja, natürlich! Wir sind schon seit 15 Jahren beste Freunde, Kumpel.

Tim: Ha ha—das stimmt. Ich habe so viele gute Erinnerungen!

Maria: Es ist immer schön, dich zu sehen, Tim.

Tim: Danke, Maria! Es ist auch schön, dich zu sehen.

Daniel: Maria, Liebling, kannst du die Essensreste wegräumen? Ich werde das Geschirr vom Tisch holen.

Tim: Wie kann ich helfen?

Maria: Du kannst die Flaschen, Lebensmittelverpackungen und den anderen Müll einsammeln. Wir werden sehen, was wir recyceln oder wiederverwenden können. Dann werfen wir den Rest weg.

Tim: Wird gemacht! Ich weiß, dass diese Wein- und Bierflaschen recycelt werden können.

Daniel: Ja, Glas ist fast immer recycelbar. Achte darauf, dass du sie vorher ausspülst.

Tim: Wird gemacht! Was ist mit der Schaumstoffverpackung, in der die Pilze geliefert wurden? Kann die recycelt werden?

Maria: Leider nein. Wir müssen den ganzen Schaumstoff wegwerfen. Der Behälter für die Erdbeeren ist auch aus Schaumstoff.

Tim: Okay, ich werfe die beiden in den Mülleimer. Wow! Du hast nicht viel in deinem Mülleimer, oder? In meiner Wohnung ist mein Mülleimer voll mit Take-Away-Behältern!

Daniel: Nein, wir haben diesen Monat mehr zu Hause gekocht. Wir versuchen, weniger Abfall zu produzieren.

Tim: Ja, deine Kollegin Heidi hat mir von deinem Ziel erzählt, umweltfreundlicher zu werden!

Daniel: Ich bin froh, dass du mit ihr darüber reden konntest! Wir haben eine Studie über Take-Away-Behälter gelesen. Schaumstoffbehälter sind etwas besser für die Umwelt als Plastik- oder Aluminiumbehälter. Aber keiner von ihnen ist gut für den Planeten. Also haben wir beschlossen, alle drei Materialien so wenig wie möglich zu verwenden!

Tim: Heidi hat mir erzählt, wie New York City 2015 alle Schaumstoffverpackungen verboten hat. Wenn New York City das kann, dann kann ich das auch, denke ich!

Maria: Tim, heißt das, dass du jetzt mehr zu Hause kochen wirst?

Tim: Ich werde es versuchen! Apropos zu Hause kochen: Wie hat dir meine selbst gemachte Gemüseplatte gefallen?

Daniel: Gemüse schneiden ist nicht wirklich kochen, Tim.

Tim: Hey, irgendwo muss ich ja anfangen, oder?

Alle: Ha ha ha!

Wichtiger Fakt:

- *In jedem Haushalt entsteht jedes Jahr eine Menge Abfall, und selbst die Dinge, die wir recyceln, werden oft einfach weggeworfen.*

Vokabular

ausspülst (ausspülen) to clean out
(die) Schaumstoffverpackung foam packaging

Bibliografie

Gallego-Schmid, A. Mendoza, J. F., &Azapagic, A. (2019). Environmental impacts of takeaway food containers. *Journal of Cleaner Production*, *211*, 417-27. https://doi.org/10.1016/j.jclepro.2018.11.220.

Potsdam County Council. (n.d.). *I want to get rid of...* https://www.Potsdam.gov.uk/waste-planning-and-land/rubbish-and-recycling/i-want-to-get-rid-of.

Louie, S. (2015, March 11). *Say goodbye to styrofoam*. State of the Planet. https://blogs.ei.columbia.edu/2015/03/11/say-goodbye-to-styrofoam/.

UI Here.(n.d.). [Six assorted color trash bins] [Photograph]. https://www.uihere.com/free-photos/six-assorted-color-trash-bins-492716.

KAPITEL 26: DAS BESONDERE PROBLEM DES KUNSTSTOFFS

Die drei Freunde machen weiter mit dem Aufräumen.

Tim: Können wir die Frischhaltefolie recyceln, mit der ich meinen Gemüseteller abgedeckt habe?

Maria: Du hast heute Abend so viel mit Heidi über die Umwelt geredet. Dann rate mal!

Tim: Hey, wir haben nicht nur über den Klimawandel gesprochen! Aber ich denke, nein.

Daniel: Leider hast du recht, Kumpel. Wir müssen auch das Plastik wegwerfen, in dem die Paprika und der Spinat geliefert wurden, sowie die Plastikflaschen für die Limonade.

Maria: Die Plastiktüten sind auch Müll.

Tim: Tut mir leid. Das sind meine. Ich habe vergessen, meine wiederverwendbare Einkaufstasche mit nach Potsdam zu nehmen.

Maria: Das ist in Ordnung, Tim! Ich bin froh, dass du die meiste Zeit eine wiederverwendbare Tasche benutzt.

Tim: Das tue ich! Ich habe all diese Fotos von dem Plastik im Meer gesehen. Die armen Tiere verfangen sich in den Netzen der Fischer. Sie fressen auch kleine Plastikteile, die sie innerlich verletzen.

Maria: Ich weiß! Das ist so traurig.

Tim: Kunststoffe schaden dem Planeten aber schon, bevor sie im Meer landen. Bei der Herstellung von Plastik entstehen viele Treibhausgase. Heidi hat mir von einer Studie erzählt. Sie ergab, dass die Herstellung von Plastik bis 2050 jedes Jahr 10 - 13 % aller Treibhausgase verursachen könnte!

Daniel: Wow! Ich habe gelesen, dass Kunststoffe auch Treibhausgase wie Methan in die Luft abgeben, nachdem sie hergestellt wurden. Sonnenlicht zersetzt Plastik. Da Plastik aus Öl und Kohle hergestellt wird, setzt es Treibhausgase frei. Das ist genau wie bei einem Kraftwerk, das Öl und Kohle verbrennt!

Tim: Nun, das war's. Keine Plastiktüten mehr für mich. Auch wenn ich es mir auf die Hand schreiben muss, um mich daran zu erinnern, werde ich immer eine wiederverwendbare Tasche dabei haben, wo auch immer ich hingehe!

Maria: Ha ha—ich hoffe, dass es nicht so weit kommt, Tim! Daniel und ich haben auch einige andere Änderungen vorgenommen. Wir bringen jetzt morgens vor der Arbeit unsere eigenen Becher mit in den Kaffeeladen. So müssen wir keinen Becher zum Mitnehmen benutzen.

Daniel: Wir haben auch beschlossen, weniger online zu bestellen. Stattdessen gehen wir zu Fuß zu unseren lokalen Geschäften, wenn wir können. So retten wir den Planeten und bewegen uns auch noch!

Tim: Nimmt das nicht mehr Zeit in Anspruch?

Maria: Nicht so viel, wie du vielleicht denkst! Wir machen Listen, bevor wir gehen. Auf diese Weise wissen wir, was wir brauchen und wo wir es bekommen.

Tim: Gut gemacht, ihr zwei!

Wichtige Fakten:

- *Plastik baut sich über Tausende von Jahren nicht ab.*
- *Bei der Herstellung von Plastik werden viele Treibhausgase freigesetzt.*
- *Du kannst deinen Plastikverbrauch reduzieren, indem du in lokalen Geschäften statt online einkaufst, wiederverwendbare Einkaufstaschen benutzt und weniger Essen zum Mitnehmen isst.*

Vokabular

(die) Frischhaltefolie cling film
wiederverwendbare reusable
innerlich inner
(die) Herstellung production
zersetzt (zersetzen) to decompose

Bibliografie

Center for Environmental Law. (2019). *Plastic & climate: The hidden costs of a plastic planet.* https://www.ciel.org/wp-content/uploads/2019/05/Plastic-and-Climate-FINAL-2019.pdf.

Flickr. (n.d.). [Go green reusable bag from foldablebags.com blog] [Photograph]. *Flickr*. https://www.flickr.com/photos/foldablebags_com/4527744948/.

Laville, S. (2019, May 15). Single-use plastics a serious climate change hazard, study warns. *The Guardian*. https://www.theguardian.com/environment/2019/may/15/single-use-plastics-a-serious-climate-change-hazard-study-warns.

Milligan, S. &Yalabik, B. (2019, November 3). *How to make your online shopping more environmentally friendly*. Quartz. https://qz.com/1736111/how-to-make-your-online-shopping-more-environmentally-friendly/.

NOAA. (2020). *Ocean pollution*. https://www.noaa.gov/education/resource-collections/ocean-coasts/ocean-pollution.

Royer, S.-J., Ferrón, S., Wilson, S. T., & Karl, D. M. (2018). Production of methane and ethylene from plastic in the environment. *PLOS One*, *13*(8), e0200574. https://doi.org/10.1371/journal.pone.0200574.

University of Hawaii at Manoa. (2018, August 1). Degrading plastics revealed as source of greenhouse gases. *ScienceDaily*. www.sciencedaily.com/releases/2018/08/180801182009.htm.

KAPITEL 27: WASSERVERGEUDUNG

Daniel fängt an, das Geschirr in der Spüle abzuwaschen.

Tim: Sag mal, Daniel, warum räumst du das Geschirr nicht in den Geschirrspüler?

Daniel: Würde ich nicht mehr Wasser sparen, wenn ich sie mit der Hand waschen würde?

Tim: Nicht unbedingt! Heidi hat mir erzählt, dass Geschirrspüler oft weniger Wasser verbrauchen.

Maria: Wirklich!

Tim: Ja, sie schreibt darüber in ihrem neuesten Artikel über den Klimawandel. Neue Geschirrspüler müssen laut Gesetz weniger Wasser verbrauchen. Wenn du also den Geschirrspüler laufen lässt, wenn er voll ist, kannst du eine Menge Wasser sparen.

Daniel: Ich erspare mir auch das Abwaschen! Es ist viel schneller, die Spülmaschine zu beladen.

Maria: Was hat Heidi dir noch über Wasser erzählt, Tim?

Tim: Wir können auch Wasser sparen, indem wir undichte Stellen in unseren Häusern und Büros reparieren. Jedes Jahr gehen weltweit bis zu 8,6 Billionen Liter Wasser durch undichte Stellen verloren.

Maria: Wow! Weißt du, unser Wasserhahn im Bad tropft seit einiger Zeit. Wir haben den Klempner noch nicht angerufen. Das sollten wir ganz oben auf unsere Aufgabenliste setzen, Daniel!

Daniel: Ich werde es gleich aufschreiben. Wir werden morgen den Klempner anrufen! Ich notiere mir auch, dass ich im Büro nach undichten Stellen suchen werde.

Maria: Ich werde am Montag mit dem Hausmeister unserer Schule sprechen!

Tim: Ich habe Heidi versprochen, dass ich auch nach Lecks suchen werde.

Daniel: Hat sie dir noch etwas darüber erzählt, wie du Wasser sparen kannst?

Tim: Das hat sie tatsächlich getan. Sie erzählte mir, wie der Klimawandel unseren Zugang zu Wasser in Zukunft beeinflussen wird. Die globale Erwärmung wird viele Orte trockener machen.

Daniel: Diese Menschen werden ihre Häuser verlassen müssen, um näher am Wasser zu leben, nicht wahr?

Tim: Ja. Die UNO sagt, dass zwischen 24 und 700 Millionen Menschen umziehen müssen.

Maria: Das ist furchtbar.

Tim: Ich weiß. Bis 2040 wird jedes vierte Kind an einem Ort leben, an dem das Wasser knapp ist. Die Menschen im Nahen Osten, in Nordafrika und Indien sind am stärksten gefährdet.

Daniel: Wasser sparen rettet also Leben. Ich bin so froh, dass du mir von der Spülmaschine erzählt hast, Tim!

Tim: Keine Sorge, Kumpel. Dafür sind Freunde ja da.

Maria: Nach all dem Gerede über Wasser habe ich jetzt Lust auf ein entspannendes Bad. Es sei denn, Tim, du hältst eine Dusche für besser?

Tim: Die meisten Duschen verbrauchen etwa 12 Liter Wasser pro Minute. Ein Bad verbraucht normalerweise zwischen 90 und 135 Liter. Spezielle „sparsame" Duschen verbrauchen sogar nur 2 Liter pro Minute. Ich habe Heidi versprochen, dass ich eine in meinem Badezimmer installieren werde!

Maria: Du hast es Heidi *versprochen*? Tim ... gefällt sie dir?

Tim: Sagen wir einfach, ich möchte meinen Teil dazu beitragen, dem Planeten zu helfen!

Daniel: Ha ha—wenn du deinen Duschkopf mit niedrigem Durchfluss bestellst, sag uns, welchen. Dann besorgen wir uns auch einen!

Maria: Ganz genau! In der Zwischenzeit werde ich eine schnelle Dusche nehmen!

Wichtige Fakten:

- *Die globale Erwärmung wird viele Orte auf der Erde trockener machen. Das bedeutet, dass weniger Wasser für Millionen von Menschen zur Verfügung stehen wird.*
- *Jedes Jahr wird eine Menge Wasser durch kleine Lecks in unseren Gebäuden verschwendet.*
- *Wir können Wasser sparen, indem wir umweltfreundliche Geräte wie Geschirrspüler und Duschköpfe mit niedrigem Durchfluss verwenden.*

Vokabular

laut Gesetz according to the law
undichte Stellen leaks
(der) Wasserhahn tap
(die) Lecks leak
beitragen to contribute
(der) Duschkopf shower head
(der) Durchfluss flow
in der Zwischenzeit in the meantime

Bibliografie

Berners-Lee, M. & Clark, D. (2010, August 19). What's the carbon footprint of ... doing the dishes? *The Guardian*. https://www.theguardian.com/environment/green-living-blog/2010/aug/19/carbon-footprints-dishwasher-washing-up.

Project Drawdown. (n.d.). *Water distribution efficiency*. https://drawdown.org/solutions/water-distribution-efficiency.

Jacewicz, N. (2017, November 24). *To save water, should you wash your hands of hand washing dishes?* NPR. https://www.npr.org/sections/thesalt/2017/11/24/564055953/to-save-water-should-you-wash-your-hands-of-hand-washing-dishes.

Jen, T. (2011). *Shower or bath?: Essential answer*. Stanford Magazine. https://stanfordmag.org/contents/shower-or-bath-essential-answer.

United Nations (U.N.). (n.d.). *Water and climate change*. UN Water. https://www.unwater.org/water-facts/climate-change/.

United States Environmental Protection Agency (U.S. E.P.A.). (n.d.). *Showerheads*. Water Sense. https://www.epa.gov/watersense/showerheads.

World Resources Institute (WRI). (2019, August 6). *Release: updated global water risk atlas reveals top water-stressed countries and states*. https://www.wri.org/news/2019/08/release-updated-global-water-risk-atlas-reveals-top-water-stressed-countries-and-states.

KAPITEL 28: LEBENSMITTEL-VERSCHWENDUNG

Maria nimmt eine Dusche. Daniel und Tim sind noch in der Küche.

Tim: Hey, Kumpel - der Nachtisch ist schon ein paar Stunden her. Ich könnte einen Snack zu später Stunde gebrauchen.

Daniel: Klingt toll! Ich würde gerne noch ein Stück von Heidis Kuchen essen.

Tim: Er war lecker! Und wir sollten gutes Essen nicht verschwenden. Weißt du, Heidi hat mir erzählt, dass die Verschwendung von Lebensmitteln dem Planeten schadet.

Daniel: Hat sie das? Sie *gefällt* dir wirklich, nicht wahr? Hast du nach ihrer Handynummer gefragt?

Tim: Was? Nein! Na ja, vielleicht doch. Ich habe vielleicht ein paar Fragen zur Lebensmittelverschwendung, das ist alles! Wusstest du, dass wir die Treibhausgase jedes Jahr um 11 % reduzieren könnten, wenn wir aufhören würden, Lebensmittel wegzuwerfen?

Daniel: Wirklich? Wie entstehen durch nicht gegessene Lebensmittel Treibhausgase?

Tim: Erstens werden Treibhausgase freigesetzt, wenn wir Bäume für Ackerbau und Viehzucht fällen. Wenn wir weniger Lebensmittel produzieren, fällen wir auch weniger Bäume.

Daniel: Ja, das stimmt.

Tim: Dann verwenden wir Strom, um Maschinen anzutreiben, welche die Ernten einbringen. Fabriken verbrennen fossile Brennstoffe, wenn sie Lebensmittel für den Verkauf verarbeiten.

Daniel: Ich verstehe.

Tim: Hinzu kommen die Plastikverpackungen, die wir herstellen, um die Lebensmittel zu verkaufen.

Daniel: Richtig.

Tim: Lastkraftwagen und Flugzeuge verbrennen Treibstoff, wenn sie diese Lebensmittel transportieren.

Daniel: Wenn wir also von Anfang an weniger Lebensmittel erzeugen würden, würden wir weniger Treibhausgase ausstoßen.

Tim: Genau.

Daniel: Aber wir verschwenden ja auch nicht so viel Essen, oder? Heidis Kuchen wird nicht verschwendet!

Tim: Die UNO sagt, dass etwa 30 % aller Lebensmittel, die jedes Jahr auf der Welt erzeugt werden, weggeworfen werden.

Daniel: Wow! Ich hatte keine Ahnung, dass es so viel ist!

Tim: Aber verwendest du jedes Obst und Gemüse, das du jede Woche kaufst? In Deutschland wirft jeder Verbraucher etwa 75 Kilogramm Lebensmittel pro Jahr weg.

Daniel: Ich glaube nicht. Wir versuchen immer, uns gesünder zu ernähren. Wir kaufen viel Grünzeug für Salat oder Babymöhren für einen Snack. Aber wir essen sie nie auf.

Tim: Heidi hat mir einige Tipps gegeben, wie ich zu Hause weniger Lebensmittel verschwenden kann.

Daniel: Was zum Beispiel?

Tim: Plane deine Mahlzeiten, bevor du kochst. Auf diese Weise kaufst du nur das, was du auch verwenden willst.

Daniel: Das macht Sinn.

Tim: Du kannst auch nach Rezepten suchen, die die Lebensmittel verwenden, die du bereits zu Hause hast. Apps wie Supercook können dabei sehr hilfreich sein. Du sagst der App, welche Lebensmittel du hast, und die App sagt dir, was du zubereiten kannst.

Daniel: Wow! Das ist cool. Ich werde morgen nach dieser App suchen.

Tim: Ich auch. Am Ende werfe ich eine Menge Lebensmittel weg. Es ist leicht, zu viel zu kaufen, wenn man allein lebt. Deshalb werde ich anfangen, alle meine Lebensmittel für die Woche am Wochenende zu kochen. Ich werde sie dann während der Woche essen.

RATSCHLÄGE ZUR VERMEIDUNG VON LEBENSMITTELVERSCHWENDUNG IM HAUSHALT

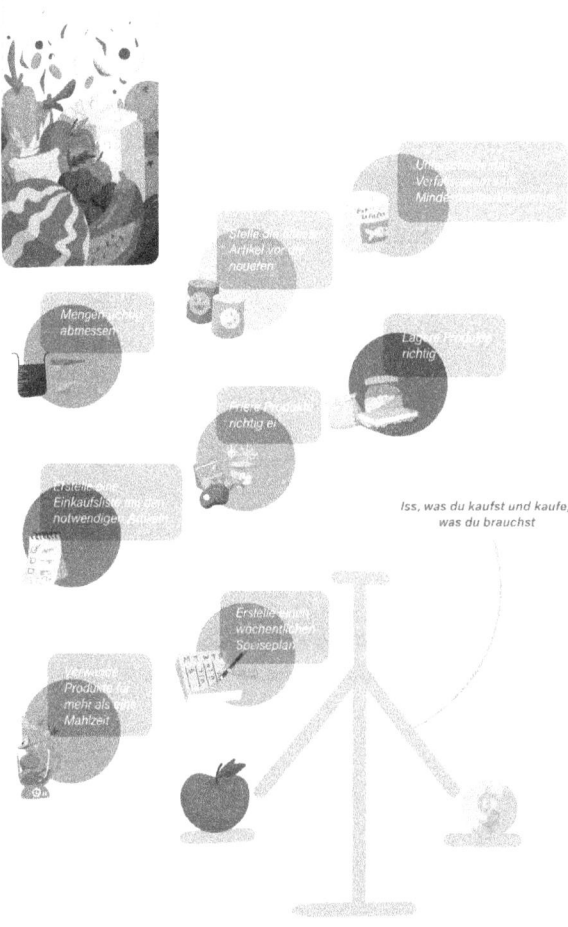

Bild erstellt von Jeffie Jasmine für Olly Richards Publishing, Daten von Acciona

Daniel: Ich habe meinen eigenen Tipp, der dir dabei hilft, dein ganzes Essen zu essen.

Tim: Ach wirklich? Welchen denn?

Daniel: Lade Heidi zum Abendessen ein!

Tim: Hörst du wohl auf, mich damit zu ärgern?

Daniel: Klar—ich höre auf, wenn du sie zum Essen einlädst!

Tim: Nun ... das habe ich schon. Sie kommt mich nächstes Wochenende in Hamburg besuchen.

Daniel: Gut gemacht, Kumpel! Du hast keine Zeit verschwendet!

Beide: Ha ha!

Wichtige Fakten:

- *Etwa 30 % aller Lebensmittel auf der Welt werden weggeworfen.*
- *Wir können Lebensmittelverschwendung vermeiden, indem wir unsere Mahlzeiten planen. So können wir nur die Menge einkaufen, die wir brauchen.*

Vokabular

(die) Lebensmittelverschwendung food waste
(die) Ernten harvests
(der) Ackerbau agriculture
(die) Viehzucht cattle breeding

fällen to fell
ausstoßen to emit
erzeugt werden to be generated
(das) Grünzeug greens

Bibliografie

Cunningham, K. (2015, April 25). *5 apps that help you cook with what you have in your fridge*. Brit + Co. https://www.brit.co/recipe-apps-for-ingredients-you-already-have/.

Food and Agriculture Organization of the United Nations (FAO UN). (n.d.). *Food wastage footprint & climate change*. http://www.fao.org/3/a-bb144e.pdf.

Hanson, C., Lipinski, B., Friedrich, J., O'Connor, C., & James, K. (2015, December 11). *What's food loss and waste got to do with climatechange? A lot, actually*. World Resources Institute. https://www.wri.org/blog/2015/12/whats-food-loss-and-waste-got-do-climate-change-lot-actually.

Oakes, K. (2020, February 25). *How cutting your food waste can help the climate*. BBC Future. https://www.bbc.com/future/article/20200224-how-cutting-your-food-waste-can-help-the-climate.

Spiegel, J. E. (2019, May 25). *Food waste starts long before food gets to your plate*. Yale Climate Connections. https://www.yaleclimateconnections.org/2019/05/food-waste-has-crucial-climate-impacts/.

United States Environmental Protection Agency (U.S. E.P.A.). (n.d.). [Earth Day—food waste] [Photograph]. *Flickr*.https://www.flickr.com/photos/usepagov/16594777143.

Bundesministerium für Ernährung und Landwirtschaft. (04. Aug 2021). *Lebensmittelabfälle in Deutschland: Aktelle Studie über Höhe der Lebensmittelabfälle nach Sektoren. https://www.bmel.de/DE/themen/ernaehrung/lebensmittelverschwendung/studie-lebensmittelabfaelle-deutschland.html*

TEIL SIEBEN: EIN NACHHALTIGES LEBEN FÜHREN

Es ist Zeit für das monatliche Treffen von Daniel, Maria und Heidi. Es ist 16:00 Uhr nachmittags. Es ist Ende Oktober

KAPITEL 29: WIE KÖNNEN WIR ETWAS BEWIRKEN?

Daniel und Maria kommen früh an. Sie sind in demselben Café in Berlin. Sie bestellen eine Kanne Tee und setzen sich.

Maria: Heidi kommt selten zu spät. Ich hoffe, es geht ihr gut!

Daniel: Ich bin sicher, dass es ihr gut geht. Aber es ist wahr. Sie ist nie zu spät wie Tim. Oh, schau! Da ist sie ja.

Maria: Wenigstens ist Tim nicht mehr so spät dran wie früher, als wir noch alle an der Uni waren. Er kam nur eine Stunde zu spät zu unserer Dinnerparty. Apropos Tim: Er ist mit Heidi hier!

Heidi: Es tut mir leid, dass wir zu spät sind! Tims Zug aus Hamburg hatte Verspätung.

Daniel: Tim ist wieder zu spät!

Tim: Hey, es war nicht meine Schuld! Du solltest dem Zug die Schuld geben.

Maria: Du bist mit dem Auto gefahren, als du vor zwei Wochen zu unserer Dinnerparty gekommen bist. Wie kommt es, dass du den Zug genommen hast?

Tim: Ich versuche, weniger oft mit dem Auto zu fahren. Der Zug verbraucht weniger Energie. Er erzeugt also weniger Treibhausgase.

Foto von Andrey Kremkov auf Unsplash

Maria und Daniel: Wow!

Tim: Heidi hat einen guten Einfluss auf mich gehabt. Was würdest du gerne trinken, Heidi?

Heidi: Ich nehme einen Kaffee mit Hafermilch, bitte.

Tim: Gute Wahl! Hafermilch ist die beste Milch für den Planeten. Das habe ich aus deinen Artikeln über den Klimawandel gelernt.

Daniel: Ja! Maria und ich haben auch auf Hafermilch umgestellt. Du hast einen großartigen Einfluss auf uns gehabt, Heidi!

Heidi: Es ist so schön zu hören, dass meine Arbeit einen Unterschied macht! Wir alle haben etwas getan, um der Umwelt zu helfen.

Maria: Unsere Aktionen scheinen aber so klein zu sein. Können sie den Klimawandel wirklich verhindern?

Heidi: Auf jeden Fall! Aber du hast ein gutes Argument. Einzelpersonen, Regierungen und Unternehmen müssen alle etwas unternehmen.

Daniel: Was sind die wichtigsten Dinge, die Einzelpersonen wie wir tun können?

Heidi: Eine aktuelle Studie hat 148 Dinge aufgelistet, die wir tun können. An erster Stelle steht, nicht mehr Auto zu fahren.

Maria: Deshalb ist Tim also nicht nach Berlin gefahren!

Tim: Hallo noch mal! Heidi, hier ist dein Kaffee.

Heidi: Danke! Sowohl Tim als auch ich versuchen, öfter mit öffentlichen Verkehrsmitteln zu fahren.

Daniel: Welche anderen Möglichkeiten gibt es?

Tim: Du kannst dich pflanzenbasiert ernähren.

Maria: Das tun wir bereits!

Heidi: Wunderbar!

Tim: Apropos wunderbar: Deine Dinnerparty hat Heidi und mich zusammengebracht. Seither sind wir zusammen. Wir sind wirklich glücklich!

Daniel: Wir freuen uns für euch!

Heidi: Was gibt es sonst noch Neues bei euch beiden, Daniel? Ich weiß, dass ihr eure Ernährung umgestellt habt, um dem Planeten weniger Schaden zuzufügen.

Maria: Wir kompostieren jetzt auch! Das gibt reichlich Nahrung für unseren Garten. Aber wir haben noch viel größere Neuigkeiten zu berichten.

Tim: Wirklich? Sag es uns!

Daniel und Maria: Wir bekommen ein Baby!

Tim und Heidi: Herzlichen Glückwunsch!

Heidi: Deshalb fragst du auch, was wir gegen den Klimawandel tun können. Du denkst an dein Baby!

Maria: Ganz genau. Wir wollen eine gute Zukunft für unser Kind.

Heidi: Nun, Studien zeigen, dass unsere Handlungen die Menschen um uns herum ermutigen, dasselbe zu tun.

Tim: Wie ich! Ich habe nie viel über den Klimawandel nachgedacht, bis ich mit Heidi darüber gesprochen habe.

Daniel: Das ist wahr! Du hast dich nie groß gekümmert.

Tim: Hey! Du lässt mich vor meiner Freundin schlecht aussehen.

Heidi: Mach dir keine Sorgen, Tim. Alles, was zählt, ist, dass du dich jetzt kümmerst!

Alle: Ha ha ha!

Wichtige Fakten:

- *Wir alle können einen Beitrag zur Reduzierung der globalen Erwärmung leisten.*
- *Wenn wir handeln, werden andere uns folgen.*

Vokabular

bewirken to achieve
erzeugt (erzeugen) to generate
(der) Einfluss influence
(die) Hafermilch oat milk
(die) Unternehmen company
ermutigen to encourage

Bibliografie

Hackel, L. &Sparkman, G. (2018, October 26). *Reducing your carbon footprint still matters*. Slate. https://slate.com/technology/2018/10/carbon-footprint-climate-change-personal-action-collective-action.html.

Kraft-Todd, G. T., Bollinger, B., Gillingham, K. Lamp, S., & Rand, D. G. (2018). Credibility-enhancing displays promote the provision of non-normative public goods. *Nature, 563*, 245-48. https://doi.org/10.1038/s41586-018-0647-4.

McGivney, A. (2020, January 29). Almonds are out. Dairy is a disaster. So what milk should we drink? *The Guardian*. https://www.theguardian.com/environment/2020/jan/28/what-plant-milk-should-i-drink-almond-killing-bees-aoe.

Ortiz, D. A. (2018, November 4). *Ten simple ways to act on climate change*. BBC Future. https://www.bbc.com/future/article/20181102-what-can-i-do-about-climate-change.

W., R. (1987, October 4). [British Rail IC 125 High Speed Train] [Photograph]. *Flickr*. https://www.flickr.com/photos/24736216@N07/6432929425.

Wynes, S. & Nicholas, K. A. (2017). The climate mitigation gap: education and government recommendations miss the most effective individual actions. *Environmental Research Letters, 12*(7), 4024. https://doi.org/10.1088/1748-9326/aa7541.

KAPITEL 30: WENIGER SACHEN HABEN

Das Gespräch im Café geht weiter. Tim und Heidi wollen mehr über das Baby wissen. Maria und Daniel haben mehr Fragen an Heidi über den Klimawandel.

Heidi: Wann kommt das Baby?

Daniel: Im April.

Tim: Das ist wunderbar!

Maria: Wir sind so gespannt. Aber wir haben gelesen, dass Kinderkriegen eigentlich schlecht für die Umwelt ist.

Daniel: Wir haben die Studie gelesen, die 148 Dinge auflistet, die wir tun können, um der Umwelt zu helfen. Das Beste, was wir tun können, ist, nicht Auto zu fahren. Das Zweitbeste ist, keine Kinder zu bekommen.

Heidi: So einfach ist das nicht. Wir können nicht aufhören, Kinder zu bekommen. Das sollten wir auch nicht! Stattdessen sollten wir unser Bestes tun, um so zu leben, dass wir unserem Planeten helfen. Und wir sollten unseren Kindern beibringen, das auch zu tun.

Tim: Es wird auch mehr Umweltgesetze geben. Unsere Kinder und Enkelkinder werden nicht mehr so viele Treibhausgase produzieren können wie wir. Sie werden zum Beispiel weniger verschwenden können.

Daniel: Du, Maria und ich haben nach der Dinnerparty über Verschwendung gesprochen, Tim! Wir haben alle beschlossen, weniger Essen zu verschwenden, Heidi.

Maria: Wir haben auch versucht, weniger Dinge zu kaufen. Aber Babys brauchen so viele Sachen!

Daniel: Wir haben bereits Freunde und Verwandte um alte Kleidung und Babymöbel gebeten.

Maria: Aber was ist mit Windeln? Sollten wir Stoffwindeln benutzen?

Heidi: Eigentlich sind Stoffwindeln nicht besser als Windeln, die wir wegwerfen.

Daniel, Maria und Tim: Wirklich!?

Heidi: Wirklich. Stoffwindeln verbrauchen viel Wasser, wenn du sie wäschst. Die beste Lösung ist es, nach Windeln aus Material zu suchen, das in einer Komposttonne entsorgt werden kann.

Maria: Das ist eine tolle Idee!

Tim: Ich würde mir nicht zu viele Sorgen machen, Maria. Du und Daniel tut schon so viel, um die Anzahl eurer Sachen zu reduzieren!

Daniel: Letzte Woche habe ich ihm erzählt, wie wir alle unsere alten Computer recycelt haben.

Maria: Ja! Wir haben gelernt, dass nur etwa 20 % aller elektronischen Geräte auf der Welt recycelt werden. Aber Unternehmen können diese Materialien wiederverwenden! Allein Apple hat im Jahr 2015 über 900 Kilogramm Gold wiederverwendet.

Heidi und Tim: Wow!

Heidi: Ich kaufe weniger Kleidung. Siehst du diesen Rock?

Maria: Ich habe ihn vorhin bewundert! Er ist wunderschön.

Heidi: Ich habe ihn aus einem alten Kleid gemacht. Ich würde dir auch gerne ein paar Babykleider nähen.

Maria und Daniel: Danke, Heidi!

Tim: Der Schlüssel ist, sich an die, wie man im Englischen sagt, 3 R zu erinnern: Reuse, Reduce, Recycle. Zu Deutsch bedeutet das: Wiederverwenden, Reduzieren, Recyceln. Siehst du? Ich habe es zum Bildschirmschoner auf meinem Handy gemacht.

Daniel: Das gefällt mir! Schauen wir mal: „Reduzieren" bedeutet „weniger kaufen".

Tim: Richtig! Ich werde zum Beispiel keinen neuen Computer oder kein neues Handy kaufen, bis die, die ich habe, kaputtgehen.

Maria: Wow! Du hast es immer geliebt, die neuesten Dinge zu haben.

Tim: Jetzt nicht mehr!

Maria: Das zweite „R" ist „Reuse", zu Deutsch Wiederverwendung. Heidi, du hast dein Kleid wiederverwendet, um deinen Rock zu machen.

Heidi: Richtig! Du wirst die Babykleidung und Möbel anderer wiederverwenden.

Tim: Und wir alle wissen, dass Materialien wie Glas, Dosen und Papier recycelt werden müssen.

Heidi: Ja!

Wichtige Fakten:

- *Wir können das Prinzip von „Reduce, Reuse and Recycle" anwenden, um die globale Erwärmung zu begrenzen.*
- *Wenn wir reduzieren, kaufen wir weniger Dinge.*
- *Wir können Kleidung, Möbel und andere Dinge wiederverwenden.*
- *Wir sollten Materialien wie Papier, Glas und Dosen immer recyceln.*
- *Wir können auch Dinge wie Elektronik recyceln.*

Vokabular

verschwenden to waste
beschlossen (beschließen) to decide
gebeten (bitten) to ask
(die) Stoffwindeln cloth diapers
entsorgt (entsorgen) to dispose
bewundert (bewundern) to admire
(der) Bildschirmschoner screen saver
begrenzen to limit

Bibliografie

Consumer Reports. (2018, April 22). *How to recycle old electronics*. https://www.consumerreports.org/recycling/how-to-recycle-electronics/.

Goldberg, G. (2012). *Don't pooh-pooh my diaper choice: essential answer*. Stanford Magazine. https://stanfordmag.org/contents/don-t-pooh-pooh-my-diaper-choice-essential-answer.

Halstead, J. &Ackva, J. (2020, February 10). *Climate & lifestyle report*. Founders Pledge. https://founderspledge.com/stories/climate-and-lifestyle-report.

National Institute of Environmental Health Sciences. (n.d.). *Kids Environment Kids Health: Reuse.*.https://kids.niehs.nih.gov/topics/reduce/reuse/index.htm.

Samuel, S. (2020, February 13). *Having fewer kids will not save the climate*. Vox. https://www.vox.com/future-perfect/2020/2/13/21132013/climate-change-children-kids-anti-natalism.

United States Environmental Protection Agency (U.S. E.P.A.). (n.d.). *Electronics donation and recycling*.https://www.epa.gov/recycle/electronics-donation-and-recycling.

—. *Reduce, Reuse, Recycle*. https://www.epa.gov/recycle.

Van Basshuysen, P. &Brandstedt, E. (2018). Comment on 'The climate mitigation gap: education and government recommendations miss the most effective individual actions.' *Environmental Research Letters*, *13*(4), 8001. https://doi.org/10.1088/1748-9326/aab213.

Wynes, S. & Nicholas, K. A. (2017). The climate mitigation gap: education and government recommendations miss the most effective individual actions. *Environmental Research Letters*, *12*(7), 4024. https://doi.org/10.1088/1748-9326/aa7541.

KAPITEL 31: TRANSPORT UND DER CO2-FUSSABDRUCK

Das Gespräch über den Klimawandel geht weiter. Plötzlich hat Maria einen Gedanken an ihr Leben nach der Geburt des Kindes.

Maria: Tim, du hast doch noch dein Auto, oder?

Tim: Ja. Und warum?

Maria: Ich frage mich nur, ob wir ein Auto brauchen werden, wenn das Baby da ist.

Daniel: Unmöglich! Es bekommt einen Sitz hinter mir auf meinem Fahrrad.

Maria: Das kannst du nicht tun, wenn du den Kinderwagen brauchst!

Daniel: Dann können wir laufen oder den Zug nehmen. Wenn wir ein Auto brauchen, können wir uns vielleicht das von Tim leihen!

Tim: Ja, natürlich! Ich leihe dir gerne das Auto.

Maria: Ich nehme an, du hast recht. Wir versuchen sowieso, mehr lokal einzukaufen. Du hast gesagt, Heidi, dass das Wichtigste, was wir tun können, um umweltfreundlich zu sein, ist, nicht mehr Auto zu fahren!

Foto von Nabeel Syed auf Unsplash

Heidi: Es ist wahr. Nur die Energiegewinnung verursacht mehr Treibhausgase als der Verkehr in Deutschland.

Daniel, Maria und Tim: Wow!

Heidi: Weltweit verursacht der Verkehr jedes Jahr etwa 14 % der Treibhausgasemissionen.

Tim: Sind Autos das größte Problem?

Heidi: Autos und Flugzeuge sind definitiv schlechter für die Umwelt als Züge und öffentliche Verkehrsmittel. Aber auch der Bau und die Instandhaltung von Bahnhöfen und Gleisen verursacht eine Menge Treibhausgase.

Daniel: Wir müssen also vorsichtig sein, wie wir bauen.

Maria: Die Stationen könnten zum Beispiel Sonnen- und Windenergie nutzen.

Heidi: Ganz genau! Dennoch ist die Zahl der Kilometer,

die wir in Deutschland mit dem Auto zurücklegen, in den letzten fünf Jahren um über 7 Milliarden Kilometer gestiegen! Das Hauptproblem ist also, wie oft und wie weit wir fahren.

Tim: Wir sollten also den Zug nehmen, wann immer wir können. Wir können auch unsere Gewohnheiten ändern. Zum Beispiel können wir andere Orte für unseren Urlaub wählen. Wir können mit dem Zug nach Friesland fahren, anstatt nach Frankreich zu fliegen.

Heidi: Richtig. Eine Hin- und Rückreise von Berlin nach New York erzeugt mehr Kohlendioxid als Millionen von Menschen auf der ganzen Welt in einem Jahr!

Daniel und Maria: Wow!

Daniel: Deshalb sollten wir zu Hause so viel wie möglich zu Fuß gehen, mit dem Rad fahren und öffentliche Verkehrsmittel benutzen. Und wenn wir in den Urlaub fahren, sollten wir Orte besuchen, die wir erreichen können, ohne zu fliegen! Überleg doch mal, Maria: Das Geld, das wir für ein Auto ausgeben würden, können wir für etwas anderes verwenden. Zum Beispiel für ein besseres Fahrrad!

Maria: Oder für Sonnenkollektoren für das Haus!

Heidi: Das ist eine großartige Idee!

Wichtiger Fakt:

- *Viele Treibhausgase stammen aus dem Verkehrssektor, insbesondere von Autos und Lastwagen. Je mehr öffentliche Verkehrsmittel wir nutzen, desto besser*

Vokabular

(der) Kinderwagen stroller
(die) Energiegewinnung generation of energy
verursacht (verursachen) to cause
(die) Gewohnheiten habit

Bibliografie

Bundesministerium für Umwelt, Naturschutz und nukleare Sicherheit (BMU). (05.07.2021). *Emissionsquellen.* https://www.umweltbundesamt.de/themen/klima-energie/treibhausgas-emissionen/emissionsquellen#energie-stationar.

Chester, M. A. & Horvath, A. (2009). Environmental assessment of passenger transportation should include infrastructure and supply chains. *Environmental Research Letters, 4*(2), 4008. http://dx.doi.org/10.1088/1748-9326/4/2/024008.

F., S. (2009, January 14). [Traffic jam on the M1 motorway] [Photograph]. *Wikimedia Commons.* https://commons.wikimedia.org/wiki/File:Traffic_jam_on_the_M1_motorway_-_geograph.org.uk_-_1121067.jpg.

Gabbatiss, J. (2018, February 6). Transport becomes most polluting UK sector as greenhouse gas emissions drop overall. *The Independent.* https://www.independent.co.uk/environment/air-pollution-uk-transport-most-polluting-sector-greenhouse-gas-emissions-drop-carbon-dioxide-a8196866.html.

Kommenda, N. (2019, July 19). How your flight emits as much CO_2 as many people do in a year. *The Guardian.* https://www.theguardian.com/environment/ng-interactive/2019/jul/19/carbon-calculator-how-taking-one-flight-emits-as-much-as-many-people-do-in-a-year.

Kraftfahrt-Bundesamt, Flensburg. *Verkehr in Kilometern (VK), Zeitreihe 2014-2020.* https://www.kba.de/SharedDocs/Downloads/DE/Statistik/Kraftverkehr/VK/vk_2020.xlsx?__blob=publicationFile&v=3.

Project Drawdown. (n.d.). *Transportation*. https://drawdown.org/sectors/transportation.

Topham, G. (2019, September 16). Road transport emissions up since 1990 despite efficiency drive. *The Guardian*. https://www.theguardian.com/uk-news/2019/sep/16/uk-road-transport-emissions-up-since-1990-despite-efficiency-drive.

Westin, J. &Kågeson, P. (2012). Can high speed rail offset its embedded emissions? *Transportation Research Part D: Transport and Environment*, *17*(1), 1-7. https://doi.org/10.1016/j.trd.2011.09.006.

Whibey, J. (2015, September 2). *Fly or drive? Parsing the evolving climate math*. Yale Climate Connections. https://www.yaleclimateconnections.org/2015/09/evolving-climate-math-of-flying-vs-driving/.

Wright, L. (2020, February 20). The impact of transport on climate is more complicated than it seems. *The Independent*. https://www.independent.co.uk/news/long_reads/science-and-technology/climate-transport-hs2-impact-train-high-speed-rail-flight-a9341976.html.

KAPITEL 32: MACH DAS LICHT AUS! SPARE ENERGIE

Draußen wird es langsam dunkler. Eine Bedienung kommt an den Tisch. Sie zündet die Kerze auf dem Tisch an.

Tim: Vergiss Sonnenkollektoren—wir sollten wieder bei Kerzenlicht lesen!

Heidi: Ha ha—ich denke, das ist ein bisschen übertrieben! Unseren Stromverbrauch zu reduzieren, ist aber ein guter erster Schritt. Das kann Energie sparen.

Maria: Das ist aber nicht genug! Das habe ich aus deinem letzten Artikel gelernt. Wir denken, dass das Ausschalten des Lichts einen großen Unterschied macht. Es ist aber nicht so wichtig wie andere Maßnahmen.

Heidi: Das stimmt!

Daniel: Es wäre besser, Geräte zu kaufen, die Energie sparen. Wir sollten auch verhindern, dass warme und kalte Luft aus unseren Häusern entweicht.

Tim: Ja! Das nennt man „Häuser wetterfest machen".

Maria: Ist das nicht teuer?

Heidi: Das kann es sein. Aber es gibt auch ein paar billige Dinge, die du tun kannst. Tim und ich haben gerade einen Türfeger gekauft. Das ist ein Stück Schaumstoff. Du bringst es an der Unterseite deiner Tür an. Es verhindert, dass Luft in den Flur entweicht.

Tim: Wir haben auch alle Lüftungsschlitze in unserer Wohnung gereinigt, um sicherzustellen, dass wir nur so viel Luft wie nötig verbrauchen.

Heidi: Wir retten den Planeten. Außerdem sparen wir bei unseren Heiz- und Kühlrechnungen!

Maria: Das ist ein guter Punkt!

Tim: Ich habe auch mit meinem Chef auf der Arbeit gesprochen. Unser Büro verschwendet eine Menge Energie. Wir lassen nachts oft das Licht an, wenn niemand da ist.

Daniel: Was hat dein Chef gesagt?

Foto von Matthew Waring auf Unsplash

Tim: Er hat zugestimmt, Bewegungsmelder für unsere Lichter zu besorgen. Sie gehen nur dann an, wenn jemand da ist.

Heidi: Ich habe auch mit meinem Redakteur, Mark, gesprochen. Wir lassen unsere Computer im Standby-Modus, wenn wir das Büro verlassen. Sie „schlafen" zwar, aber sie verbrauchen trotzdem viel Energie.

Maria: Solltest du deinen Computer die ganze Zeit ausschalten? Ich habe gehört, dass das nicht gut für ihn ist.

Heidi: Das stimmt eigentlich nicht! Den heutigen Computern schadet es nicht, wenn du sie nachts ausschaltest.

Tim: Vor allem aber setzt die Nutzung fossiler Brennstoffe zur Strom- und Wärmeerzeugung weltweit mehr Treibhausgase frei als alles andere, was wir tun. Wir sollten daher versuchen, saubere Energie zu nutzen.

Daniel: Ganz genau! Ich habe mit den anderen Hausärzten in meiner Praxis gesprochen. Wir werden Sonnenkollektoren auf dem Dach anbringen.

Heidi: Das sind wunderbare Neuigkeiten!

Wichtige Fakten:

- *Energie – vor allem Elektrizität – ist die größte Quelle für Treibhausgasemissionen.*
- *Wir können Strom sparen, indem wir Lichter und Computer ausschalten. Außerdem können wir verhindern, dass warme und kalte Luft aus unseren Häusern entweicht.*
- *Diese Maßnahmen sparen nicht nur Energie, sondern auch Geld.*

Vokabular

übertrieben over the top
(die) Maßnahmen measures
entweicht (entweichen) to escape
wetterfest weatherproof
(die) Lüftungsschlitze ventilation slots
(die) Bewegungsmelder motion detector
besorgen to arrange
anbringen to install

Bibliografie

Attari, S. Z., DeKay, M. L., Davidson, C. I., & de Bruin, W. B. (2010). Public perceptions of energy consumption and savings. *PNAS*, *107*(37), 16054-59. https://doi.org/10.1073/pnas.1001509107.

Boston University. (n.d.). *Sustainability @ BU: Turn off the lights*. https://www.bu.edu/sustainability/what-you-can-do/ten-sustainable-actions/turn-off-the-lights/.

Bray, M. (2006, December). *Review of computer energy consumption and potential savings: White paper*. https://www.dssw.co.uk/research/computer_energy_consumption.pdf.

Center for Climate and Energy Solutions (C2ES). (n.d.). *Global Emissions*.https://www.c2es.org/content/international-emissions/.

The Earth Institute at Columbia University. (2010, August 16). *Survey shows many are clueless on how to save energy*.https://www.earth.columbia.edu/articles/view/2717.

ENERGY STAR. (n.d.). *ENERGY STAR @ home tips*.https://www.energystar.gov/products/energy_star_home_tips.

G., F. (2017, February 5). [Office lights: always on a Sunday] [Photograph]. *Flickr*. https://www.flickr.com/photos/lire100/32195299564/.

Tufts Climate Initiative. (n.d.). *Climate change is real . . . . turn off your computer!* https://sustainability.tufts.edu/wp-content/uploads/Computer_brochures.pdf.

KAPITEL 33: KLIMAWANDEL-TECHNOLOGIE FÜR DIE ZUKUNFT

Heidi holt ein Notizbuch und einen Stift aus ihrer Handtasche. Sie schreibt etwas auf.

Tim: Schreibst du auf, was deine fabelhaften Freunde gegen den Klimawandel tun?

Heidi: Ha ha—nicht ganz! Ich habe eine Frage, die ich am Montag jemandem stellen möchte.

Maria: Ist das für die Arbeit?

Heidi: Ja. Ich spreche mit einem Wissenschaftler. Er hat ein Unternehmen, das an der Kohlenstoffabscheidung arbeitet.

Daniel, Maria und Tim: Kohlenstoffabscheidung?

Daniel: Was ist das?

Heidi: Kohlenstoffabscheidung ist eine Technologie, die verhindert, dass Kohlendioxid in die Luft gelangt. Sie trägt daher nicht zur globalen Erwärmung bei.

Tim: Wow! Das ist interessant.

Maria: Wie macht man das?

Heidi: Du entfernst das Kohlendioxid, wenn du in Kraftwerken Strom erzeugst. Anschließend transportierst du es an einen sicheren Ort.

Maria: Ich denke, das macht Sinn.

Tim: Ich war auch verwirrt, Maria. Heidi zeigte mir ein Bild, das mir half, es zu verstehen.

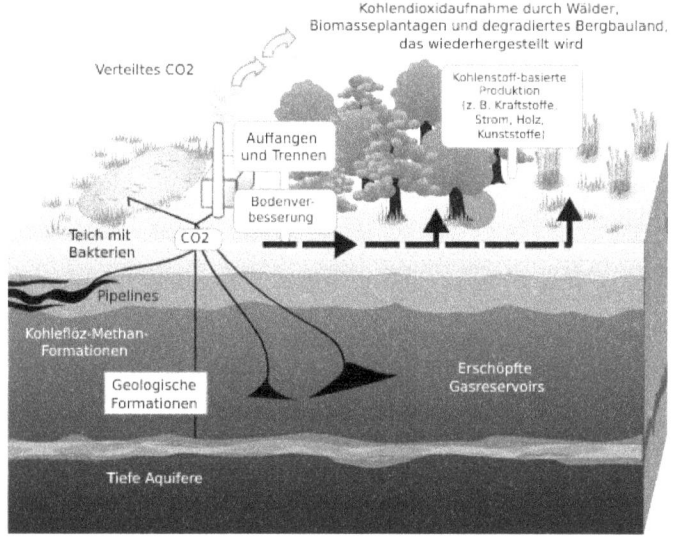

Schematische Darstellung der terrestrischen und geologischen Sequestrierung von Kohlendioxidemissionen aus einem Biomasse- oder fossilen Kraftwerk. Zeichnung von LeJean Hardin und Jamie Payne.

Daniel: Ich verstehe! Der Kohlenstoff wird in der Fabrik gebunden.

Heidi: Genau!

Tim: Gibt es billigere Möglichkeiten, Kohlenstoff zu binden?

Heidi: Ja! Wir können mehr Bäume pflanzen. Bäume absorbieren Kohlenstoff besser als jede Maschine.

Daniel: Sie sind auch hübscher als Fabriken!

Maria: Auf jeden Fall!

Tim: Gibt es noch andere Technologien, über die du in diesem Artikel schreiben willst?

Heidi: Ja, irgendwie schon! Ich werde über Hanf schreiben.

Daniel: Hanf? Ist das nicht eine Pflanze?

Heidi: Ja! Sie absorbiert mehr Kohlenstoff als jede andere Pflanze.

Maria: Kommt Cannabis nicht aus dem Hanf?

Heidi: Hanf und Cannabis stammen von der gleichen Pflanze. Hanf enthält jedoch nur einen sehr geringen Anteil der Chemikalie, die Menschen rauchen.

Tim: Wie nutzt du Hanf, um den Klimawandel zu begrenzen? Pflanzt du einen Hanfwald?

Heidi: Das ist eine Möglichkeit, Kohlenstoff zu binden! Du kannst Hanf auch anstelle von anderen Materialien verwenden. Du kannst zum Beispiel Hanf anstelle von Beton und Stahl verwenden, wenn du etwas baust.

Daniel: Wow!

Heidi: Das Baugewerbe ist für 40 % aller Treibhausgase verantwortlich, die wir durch die Nutzung von Energie erzeugen.

Maria: Wow! Hanf kann also eine Menge Gutes bewirken.

Tim: Wirst du mit jemandem sprechen, der mit Hanf arbeitet?

Heidi: Ja!

Tim: Ich kann es kaum erwarten, mehr zu erfahren!

Wichtige Fakten:

- *Neue Technologien wie die Kohlenstoffabscheidung können die Menge an Kohlendioxid in der Luft reduzieren.*
- *Pflanzen wie Hanf können auch Kohlenstoff binden.*

Vokabular

(die) Kohlenstoffabscheidung carbon capture
entfernst (entfernen) to remove
erzeugst (erzeugen) to generate
gebunden (binden) to bind
(der) Hanf hemp
(der) Kohlenstoff carbon
anstelle von instead of
(der) Beton concrete
(der) Stahl steel
bewirken to bring about

Bibliografie

Budds, D. (2019, September 19). *How do buildings contribute to climate change?* Curbed. https://www.curbed.com/2019/9/19/20874234/buildings-carbon-emissions-climate-change.

Carbon Capture & Storage Association (CCSA). (n.d.). *What is CCS?* http://www.ccsassociation.org/what-is-ccs/.

Center for Climate and Energy Solutions (C2ES). (n.d.). *Carbon capture.* https://www.c2es.org/content/carbon-capture/.

Hardin, L. & Payne, J. (2009, July 10). *Schematic showing both terrestrial and geological sequestration of carbon dioxide emissions from a biomass or fossil fuel power station* [Infographic]. *Wikimedia Commons.* https://commons.wikimedia.org/wiki/File:Carbon_sequestration-2009-10-07.svg.

Lawrence, M. (2014, September 25). Growing our way out of climate change by building with hemp and wood fibre. *The Guardian.* https://www.theguardian.com/sustainable-business/2014/sep/25/hemp-wood-fibre-construction-climate-change.

Nunley, K. (2020, April 11). *What's the difference between hemp vs. marijuana?* https://www.medicalmarijuanainc.com/whats-the-difference-between-hemp-and-marijuana/.

University of Bath. (2008, September 17). *Houses Made Of Hemp Could Help Combat Climate Change.* ScienceDaily. Retrieved April 27, 2020 from www.sciencedaily.com/releases/2008/09/080916154724.htm.

United Nations Environment Programme (U.N.E.P.). (2017). *Global status report 2017: Towards a zero-emission, efficient, and resilient buildings and construction sector.* https://www.worldgbc.org/sites/default/files/UNEP%20188_GABC_en%20%28web%29.pdf.

Varanasi, A. (2019, September 27). *You asked: Does carboncapture technology actually work?* State of the Planet. https://blogs.ei.columbia.edu/2019/09/27/carbon-capture-technology/.

Vosper, J. (n.d.). *The role of industrial hemp in carbon farming*. GoodEarth Resources. https://www.google.com/ url?sa=t&rct=j&q=&esrc =s&source=web&cd=17& ved=2ahUKEwju6arm57jp AhUylnIEHTj8CPsQFjA QegQIARAB&url=http% 3A%2F%2Fwww.aph.gov. au%2FDocumentStore.ash x%3Fid%3Dae6e9b56- 1d34-4ed3-9851-2b3bf0b6eb4f&us g=AOvVaw0Zt q6VjcZ2nPTR QwfjmjMr.

KAPITEL 34: JA, WIR KÖNNEN ETWAS BEWIRKEN!

Die vier Freunde haben sich stundenlang über den Klimawandel, Daniels und Marias Baby und andere Dinge unterhalten.

Maria: Nun, wir sollten wahrscheinlich gehen. Ich werde in diesen Tagen früher müde!

Tim: Darauf wette ich! Du bist schwanger! Das muss anstrengend sein.

Heidi: Ich freue mich so sehr für euch beide!

Daniel: Danke, Heidi. Ich freue mich auch für euch beide! Ich dachte immer, ihr würdet ein gutes Paar abgeben.

Tim: Du dachtest das?! Warum hast du nichts gesagt?

Daniel: Ich habe dich immer wieder nach Potsdam eingeladen! Du bist nie gekommen.

Tim: Ah, stimmt. Ich war immer zu sehr mit meiner Arbeit beschäftigt.

Heidi: Ich bin froh, dass du dieses Mal zum Dinner gekommen bist!

Tim: Ich auch!

Heidi: Habt ihr schon Pläne für den Rest des Wochenendes?

Maria: Ja, das tun wir! In unserer Stadt gibt es eine Umweltgruppe. Sie haben morgen ihr wöchentliches Treffen.

Heidi und Tim: Das ist wunderbar!

Tim: Worum geht es bei dem Treffen?

Daniel: Die Gruppe möchte, dass die Gemeindeverwaltung in ihren Gebäuden Solar- und Windenergie einsetzt.

Tim: Ausgezeichnete Idee!

Daniel: Ich werde auch Lichter mit Bewegungsmeldern vorschlagen. Das war ein toller Tipp, Tim!

Maria: Die Ratsmitglieder werden begeistert sein zu erfahren, dass sie Geld sparen können, während sie den Planeten retten.

Daniel: Was ist mit euch beiden? Was werdet ihr morgen machen?

Heidi: Ich werde mit dem Wissenschaftler über Kohlenstoffabscheidung sprechen. Danach wollen wir einen langen Spaziergang im Park machen.

Tim: Nach unserem Spaziergang fahre ich mit dem Zug zurück nach Hamburg.

Heidi: Aber das musst du hoffentlich nicht mehr lange tun!

Daniel: Ach, wirklich?

Tim: Ja. Ich habe meinen Chef gefragt, ob ich wieder von zu Hause aus arbeiten kann.

Heidi: Auf diese Weise kann er öfter bei mir in Berlin bleiben!

Tim: Während der Coronavirus-Pandemie war es einfach, von zu Hause aus zu arbeiten. Ich kehrte nur zur Arbeit zurück, um das kostenlose Essen im Büro zu bekommen.

Heidi: Er ernährt sich jetzt auf pflanzlicher Basis. Das ist viel einfacher, wenn man zu Hause kocht!

Maria: Das ist wunderbar, ihr zwei!

Heidi: Wir haben so viele Ideen ausgetauscht, wie wir unseren Planeten schützen können. Ich bin so froh, all diese Möglichkeiten zu hören, die wir ergreifen können!

Tim: Du hast dir Sorgen gemacht, ob du etwas bewirken kannst, Maria. Aber wir tun doch alle so viel!

Daniel: Wir teilen diese Ideen auch mit anderen!

Heidi: Das ist der wichtigste Teil. Wenn wir anderen erzählen, was wir für den Klimawandel tun, sind sie eher bereit, auch etwas zu tun. Erinnerst du dich an die Klimastreiks im Jahr 2019? Millionen von Menschen auf der ganzen Welt kamen dafür zusammen.

Maria: Du hast recht, Heidi. Deine Artikel erreichen auch so viele Menschen! Sie werden hoffentlich tun, was sie können, um den Klimawandel zu begrenzen.

Heidi: Information ist Macht!

Daniel: Sollen wir uns also nächsten Monat wieder hier treffen?

Maria, Tim und Heidi: Auf jeden Fall!

Daniel und Maria: Dann bis nächsten Monat! Auf Wiedersehen!

Tim und Heidi: Auf Wiedersehen!

Wichtiger Fakt:

- *Wir alle müssen eine Rolle dabei spielen, die Auswirkungen des Klimawandels zu verringern. Gemeinsam können wir etwas bewirken.*

Vokabular

schwanger pregnant
(die) Gemeindeverwaltung local government
einsetzt (einsetzen) to use
(die) Ratsmitglieder council members
ausgetauscht (austauschen) to swap

Bibliografie

Cooney, C. (2010). The perception factor: climate change gets personal. *Environmental Health Perspectives, 118*(1), A485-89. https://ehp.niehs.nih.gov/doi/pdf/10.1289/ehp.118-a484.

Intothewoods7. (2019, March 15). *Protesters march with signs along Market Street during the San Francisco Youth Climate Strike, on 15 March 2019* [Photograph]. *Wikimedia Commons* https://commons.wikimedia.org/wiki/File:San_Francisco_Youth_Climate_Strike_-_March_15,_2019_-_18.jpg.

Marshall, N. A., Thiault, L., Beeden, A., Beeden, R., Benham, C. Curnock, C. I., Diedrich, A., Gurney, G. G., Jones, L., Marshall, P. A., Nakamura, N., & Pert, P. (2019). Our environmental value orientations influence how we respond to climate change. *Frontiers in Psychology: Environmental Psychology*, *10*, 938. https://doi.org/10.3389/fpsyg.2019.00938.

ENDE

THANKS FOR READING!

I hope you have enjoyed this book and that your language skills have improved as a result!

A lot of hard work went into creating this book, and if you would like to support me, the best way to do so would be to leave an honest review of the book on the store where you made your purchase.

Want to get in touch? I love hearing from readers. Reach out to me any time at *olly@storylearning.com*

To your success,

Olly Richards

MORE FROM OLLY

If you have enjoyed this book, you will love all the other free language learning content I publish each week on my blog and podcast: *StoryLearning.*

Blog: Study hacks and mind tools for independent language learners.

www.storylearning.com

Podcast: I answer your language learning questions twice a week on the podcast.

www.storylearning.com/itunes

YouTube: Videos, case studies, and language learning experiments.

https://www.youtube.com/ollyrichards

COURSES FROM OLLY RICHARDS

If you've enjoyed this book, you may be interested in Olly Richards' complete range of language courses, which employ his StoryLearning® method to help you reach fluency in your target language.

Critically acclaimed and popular among students, Olly's courses are available in multiple languages and for learners at different levels, from complete beginner to intermediate and advanced.

To find out more about these courses, follow the link below and select "Courses" from the menu bar:

https://storylearning.com/courses

"Olly's language-learning insights are right in line with the best of what we know from neuroscience and cognitive psychology about how to learn effectively. I love his work!"

Dr. Barbara Oakley,
Bestselling Author of "A Mind for Numbers"

www.ingramcontent.com/pod-product-compliance
Ingram Content Group UK Ltd.
Pitfield, Milton Keynes, MK11 3LW, UK
UKHW030639120525
5863UKWH00034B/117